前　言

“基于性能、风险指引型”的维修规则（Maintenance Rule，MR）是由美国核管理委员会（NRC）在20世纪90年代初发布的法规，其目的是推动核电厂对安全相关和部分非安全相关的构筑物、系统和设备（SSC）采取更为有效的维修体系，提高设备的可靠性和可用性，减少因维修不当所导致的对安全系统的挑战。

MR关注维修活动的结果所引起的潜在风险，使核电厂能够将资源更为有效地投入到对安全运行有着重要作用的设备维修与试验中，不仅提高了机组安全水平，也使核电厂的经济效益得到了很大的提高。除美国，也有一些国家和地区陆续推行了以维修规则为基础的管理体系，包括日本、西班牙等，也有国家在积极引进这套体系，包括韩国、南非等。我国国家核安全局于2017年8月10日发布了《改进核电厂维修有效性的技术政策（试行）》（国核安发〔2017〕173号），其基本理念和方法借鉴了维修规则，期望通过政策的实施进一步提高核电厂维修的有效性，加强相关维修活动的风险评价及管理。

本书总结美国核电厂在进行维修规则（MR）的基准检查（MRBIs）中的经验，包括68个遵照10 CFR 50持运行许可证的电厂和3个遵照10 CFR 50.82(a)(2)取得退役资质的电厂，这些基准检查是于1996年7月15日至1998年7月10日期间进行的。基准检查通常能反映许可证持有者按照RG 1.160认可的NUMARC 93-01来执行10 CFR 50.65中的其他要求，以确定核电厂中哪些构筑物、系统和设备（SSCs）会纳入维修规则的范围。同时，专家组也能有效地确定哪些SSCs是重要的风险点。基准检查的结果还给出了一些专家组执行其他超出NUMARC 93-01指导范围的其他MR活动。当根据10 CFR 50.65(a)(1)或(a)(2)的规定分别设定目标或性能指标时，大多数许可证持有者考虑了概率风险评价（PRA）中的风险见解。然而，早期的基准检查表明一些许可证持有者并没有从PRA中对可靠性和可用性的假设来确定目标或性能指标的技术依据，同时也没有对计划和紧急的维修活动进行充分的评价。大多数许可证持有者的自我评价是对MR大纲实施的肯定，建立了合理的计划和方法以定期评价设备性能监测和预防性维修的有效性，以及可靠性和可用性之间的平衡。

全书分为13章，第1章介绍了NRC进行维修规则基准检查的背景；第2章整体介绍美国维修规则基准检查的经验；第3章介绍了维修规则相关导则认可的行业指导文件应用及检查程序开发；第4章介绍了满足法规要求的SSC范围；第5章介绍了对SSC范围进行风险分类的方法；第6章介绍了目标设定、监测及预防性维修的有效性；第7章介绍了根据法规进行定期评估；第8章介绍了执行维修前的安全（风险）评估；第9章介绍了质量保证审查/自我评估；第10章对处于退役状态的核电厂的维修规则检查进行概述；第11章对核电厂维修规则基准检查进行简单总结；第12章介绍了NRC维修规则活动以及评价维修有效性检

核电厂维修规则监管国际实践经验

生态环境部核与辐射安全中心　编著

中国原子能出版社

图书在版编目（CIP）数据

核电厂维修规则监管国际实践经验 / 生态环境部核与辐射安全中心编著. — 北京：中国原子能出版社，2021.11

ISBN 978-7-5221-1824-6

Ⅰ. ①核… Ⅱ. ①生… Ⅲ. ①核电厂-维修-规则-世界 Ⅳ. ①TM623-65

中国版本图书馆 CIP 数据核字(2021)第256434号

核电厂维修规则监管国际实践经验

出版发行 中国原子能出版社（北京市海淀区阜成路 43 号 100048）
责任编辑 胡晓彤 裘 勖
装帧设计 侯怡璇
责任校对 宋 巍
责任印制 赵 明
印　　刷 北京九州迅驰传媒文化有限公司
经　　销 全国新华书店
开　　本 787 mm×1092 mm 1/32
印　　张 3.5
字　　数 95 千字
版　　次 2021 年 11 月第 1 版 2021 年 11 月第 1 次印刷
书　　号 ISBN 978-7-5221-1824-6 **定　　价** **35.00** 元

网址：**http://www.aep.com.cn** E-mail：**atomep123@126.com**
发行电话：**010-68452845**

编 委 会

主　　编： 钱晓明　张　弛　张博平

编著人员： 张　适　钱晓明　李虎伟
俞　霄　张仰程　朱　伟
刘　娟

查程序的发展；第 13 章阐述我国维修规则发展现状与展望。

本书由钱晓明、张弛、张博平主持编写，第 1、13 章由张博平编写，第 2、3、4 章由钱晓明编写，第 5、6 章及附录 A 由张适编写，第 7 章由俞霄、刘娟（中核工程咨询有限公司）编写；第 9、10 章由李虎伟编写，第 8、11 章由张仰程编写，第 12 章及附录 B 由朱伟编写。

鉴于编者的水平与时间有限，本书中难免还存在不少纰漏和值得深入探讨之处，敬请广大读者不吝批评指正。

编者

2021 年 10 月于北京

目　录

1 绪 论

核电厂进行维修规则基准检查（Maintenance Rule Baseline Inspections，MRBIs）的目的和意义在于确认许可证持有者能够建立适当的大纲以执行 10 CFR 50.65，即维修规则（MR）；同时还能够有效实施这些大纲。具体来说，对所有电厂均按照检查程序 62706（即维修规则）进行检查，以确认许可证持有者在实施大纲时的适当与否以及优势、劣势，并给出每个电厂的检查结果。

1991 年 7 月 10 日，美国核管理委员会（NRC）在《联邦公报》（56 FR 31324）上发布了维修规则（MR），即联邦法规 10 CFR 50.65 “核电厂维修有效性监测要求”，并规定所有许可证持有者必须在 1996 年 7 月 10 日之前实施该规则。NRC 工作人员决定在维修规则生效后的两年时间内，对所有的运行核电厂进行维修规则的基准检查。NRC 的四个区域监督站与反应堆管理部门、质保部门、供应商检查和维修部门一起合作，在规定的时间内有效、高效地计划并完成了这项任务。

最初发布的维修规则是以结果为导向、基于性能的法规，而基准检查的主要目的是确定许可证持有者编制的维修规则大纲的适用性以及大纲实施的主要过程。这种以程序为导向的过程确保了实施维修规则的一致性，也验证了许可证持有者编制了有效的维修规则性能监测大纲，同时，也确保当性能显示出需要进行变更时许可证持有者能够调整其维修规则活动和大纲本身。这种以程序为导向的方法也使 NRC 和核工业界获得了应用基于性能、风险指引型的法规实施经验，以便于开发其他应用基于性能、风险指引型过程的大纲，如技术规格书、在役试验、在役检查及分级质量保证等。

因此，本书所讨论的是 NRC 工作人员对美国运行核电厂进行的 68 个基准检查和 3 个按照 10 CFR 50.82 要求处于退役状态的核电厂所获取的成果和经验总结。

2　维修规则基准检查的经验

2.1　概述

每个维修规则基准检查都不尽相同，其包括了 NRC 对每个许可证持有者特定电厂大纲和实施过程的审查。所有许可证持有者均使用了 NUMARC 93-01“核电厂维修有效性监测行业指导”来指导实施维修规则，NRC 发布的 RG 1.160“监测核电厂维修有效性”认可了该文件；然而每个许可证持有者都开发出了本核电厂特定的大纲和实施过程。因为需要评价各核电厂大纲的优劣，并判断其是否满足用于实施维修规则，所以这种各具特点的方法给 NRC 检查人员带来一定挑战。对部分条款，有些许可证持有者未参照 NUMARC 93-01 实施，但大多数时候均能提出针对其特定核电厂充分的技术依据。每个核电厂的大纲都不尽相同，导致的第一类差别就是即使具有相同设计，考虑纳入维修规则范围内的构筑物、系统和设备的数量和类型也不一致。其中，许可证持有者确定为高安全重要的 SSC 和低安全重要的 SSC 也不同，同时，纳入(a)(1)进行监测的 SSC 或者通过有效的预防性维修确定的纳入(a)(2)进行性能跟踪的 SSC 也有差别。最后，纳入(a)(1)范围 SSC 的目标值设定以及纳入(a)(2)范围 SSC 的性能指标制定的结果也会有差异。然而，这种差异符合 NRC 的预期，这也正是 NRC 制订基于性能法规的目的，即给予许可证持有者在实施维修规则过程中的灵活性。

NRC 工作人员通过配备充足的资源在给定的两年时间内完成了所有的维修规则基准检查。基准检查前，质量保证、供应商检查和维修部门对执行基准检查的员工进行了广泛的培训，包括 10 CFR 50.65、RG 1.160、NUMARC 93-01、IP 62706“维修规则”、IP 62707“维修检查”等要求。这方面的努力也确保了 NRC 区域监督站、反应堆监管办公室、执法办公室和法律顾问办公室之间的沟通效率。美国核电厂维修规则监管的文件体系如图 1 所示，其具体发展历程参见附录 A“美国维修规则基准检查的背景”。

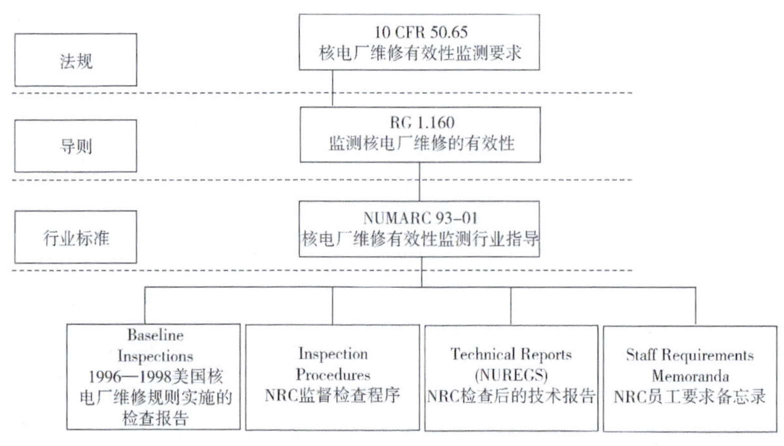

图 1　美国核电厂维修规则监管的文件体系

2.2 小结

2.2.1 发现

NRC 工作人员发现许可证持有者普遍能够充分地执行维修规则中的要求。然而，尽管维修规则有 5 年的实施期，但基准检查中发现某些许可证持有者直至维修规则生效前夕才开始去积极地实施规则。另外，一些许可证持有者在基准检查开始前的几个月，仍未完成其制定的大纲中的要求。对这些许可证持有者而言，基准检查认定了其制定大纲和/或大纲执行方面存在薄弱项。

后续两个段落描述了基准检查中发现的最显著和最常见的调查结果：

（1）许多许可证持有者没有充分的技术依据说明设定的目标和性能指标与安全是否一致；或没有充分的技术依据说明所选取的定量指标值与核电厂风险分析中假设之间统计意义上的联系。例如，有些许可证持有者对每个 SSC 都设定一个标准的维修可预防功能失效（MPFF）次数作为其可靠性的性能指标，而未考虑该对 SSC 本身的需求次数。某些情况下，与需求次数相比较，许可证持有者所设定的 MPFF 的允许次数会显示 SSC 的可靠性比其在风险分析中的假设低得多，许可证持有者未能充分解释此数值间的差异。NRC 工作人员认为许可证持有者必须具有合理的技术依据以将可靠性和可用性值选为(a)(1)或(a)(2)的性能指标。

（2）许多许可证持有者未对高安全重要 SSC 设定可靠性和可用性的目标或性能指标。定期评价作为 10 CFR 50.65 中

(a)(3)条款的要求，许可证持有者必须对可靠性和可用性进行平衡。这种平衡只有当许可证持有者对可靠性和可用性参数都进行监测时才能实施。

接下来描述的问题，尽管它们不像上述两个问题那样频繁出现，但是在许多核电厂都存在并被认为是重大问题：

(3) 在少数情况下，许可证持有者未能将50.65(b)(1)中要求的安全相关SSC或安全相关SSC的功能纳入维修规则范围内。例如：某许可证持有者未将燃料组件纳入，另一许可证持有者未将高压安注泵涡轮机的功能纳入。某些情况下，许可证持有者未能将50.65(b)(2)中要求的非安全相关SSC纳入。例如，某许可证持有者未将冷却塔系统纳入维修规则范围内，即便是该系统曾发生故障导致紧急停堆，也曾引起过其他瞬态。即使行业的运行经验已经表明了执行EOP时通信系统或应急灯系统在支持电厂人员缓解事故和瞬态及完成操作活动中的重要性，仍有一些许可证持有者未将其纳入维修规则范围内。有关筛选范围方面问题的详细信息，参见本书2.3节中的内容。

(4) 基准检查报告表明一些许可证持有者不愿将某些故障定为MPFF。在多数情况下，许可证持有者因为定为MPFF可能会导致SSC纳入(a)(1)进行监测从而说明其预防性维修大纲的不足。从监管角度来看，单次MPFF的出现并非一定违规，也并不是违反维修规则。一次MPFF的发生说明有潜在问题的存在，更为重要的是许可证持有者可以由此来确定其原因并采取有效的纠正措施以预防故障的再次发生。进一步讲，不愿将某故障定为MPFF的态度导致一些违反维修规则的情况出现，因为未在维修规则范围内正确监测SSC性能或证明SSC的预防性维修的有效性。

（5）在第一批基准检查前，并没有足够的 NRC 和行业指导用于监测构筑物的状态来满足维修规则的要求。因此检查人员没有充足的信息去判断许可证持有者的构筑物监测大纲是否满足维修规则的要求。具体而言，由于缺乏相应的指导，基准检查组指出了 15 个核电厂的构筑物监测大纲中的关注点，因此，在完成合适的指导后，检查组展开了后续检查项目，以重新评估构筑物监测大纲。NRC 工作人员在 1997 年 3 月出版第 2 版 RG 1.160，提供了维修规则特定的构筑物监测指导，大多数许可证持有者开发并实施相应的构筑物监测大纲以满足维修规则的要求。

NEI（原 NUMARC）也意识到在维修规则生效前增加对构筑物监测指导的必要性。因此在第 2 版 NUAMRC 93-01 第 10.2.3 节增加了“监测构筑物状态”的指导。NEI 还拟定了一份草案，即 NEI 96-03“监测核电厂构筑物状态的指导”中的全面指导意见。NEI 96-03 的目的是所有监管应用中的构筑物监测，而不仅限于维修规则。由于不确定 NEI 96-03 是否包含了所有针对监管应用的信息，NRC 工作人员可能并未对 NEI 96-03 进行全面的审查。

（6）绝大多数许可证持有者按照 10 CFR 50.65(a)(3)中的要求，在实施维修活动前进行了充分的安全评价。基准检查组发现，其中 26 个核电厂较好地建立了维修活动前的安全/风险评价大纲，35 个核电厂建立的评价大纲稍有缺陷但其都在维修活动前进行了评价，另外有 7 个许可证持有者的评价大纲明显不足，且未在维修活动前进行风险评价。因为维修规则中对本条款并未明确要求（即：维修规则中的声明是许可证持有者应执行安全评价），所以 NRC 工作人员不能采取相应的执法行动。

2.2.2 结论

早期的基准检查中，确定了实施维修规则要求时可接收方法中的不足之处。一些许可证持有者由于较晚才实施维修规则导致了大纲存在不足。基准检查组在几个核电厂确定了 10 CFR 50.65(b)实施中合理性问题。许多许可证持有者没有充分的技术依据说明设定的目标和性能指标与安全是否一致，也没有充分的技术依据说明选取的定量指标值与核电厂风险分析中假设之间统计意义上的联系。10 CFR 50.65(a)(3)要求许可证持有者平衡可靠性和可用性之间的关系，但一些许可证持有者并未对高安全重要 SSC 设置可靠性和可用性的目标或性能指标。这种平衡只有当许可证持有者对可靠性和可用性参数都进行监测时才能实施。一些许可证持有者不愿将某些故障定为 MPFF，这在某些情况下会导致无法充分地监测性能而违反维修规则。早期的基准检查也发现有一部分核电厂因缺乏足够的构筑物监测导则而未能建立构筑物监测大纲；因此 NRC 对 RG 1.160 进行修订以解决该问题。多数许可证持有者在对设备进行维修活动前都进行了充分的安全评价；但有 7 个电厂未能在维修活动前进行安全评价。另外，也发现有许多安全评价大纲在实施过程中存在不足之处。

2.2.3 建议

NRC 采纳了将 10 CFR 50.65 中(a)(3)段落最后一句话删除的修订建议，并增加了新的段落，即(a)(4)，要求许可证持有者在实施维修活动前必须进行相应的安全评价。NRC 工作人员应该同 NEI、核工业界及业主共同商讨并对 NUMARC 93-01 和 RG 1.160 进行适当的修订。

3 导则认可的行业指导文件应用及检查程序开发

3.1 RG 1.160 认可的 NUMARC 93-01 应用

应用行业指导文件 NUMARC 93-01 来实施维修规则时，许可证持有者首先应利用 10 CFR 50.65(b) 中的准则去判断哪些 SSC 应该纳入维修规则范围。进而对所有纳入规则范围的 SSC 进行分类，即高安全重要类或低安全重要类。值得注意的是，许可证持有者在筛选维修规则(b)部分的 SSC 范围时，所采用的是确定论方法。为了对维修规则范围内的 SSC 进行分类处理，安全(风险) 重要仅在范围确定之后才需要考虑。

纳入 10 CFR 50.65(a)(1) 监测或纳入 10 CFR 50.65(a)(2) 进行评估的高安全重要 SSC 应在系统、列或设备级进行监测或跟踪其性能。监测的范围至少应包括 SSC、可用性、和/或状态监测（即参数）。许可证持有者可以对低安全重要且备用 SSC 的可靠性、可用性或状态进行监测，但至少应包括可靠性。针对低安全重要且运行的 SSC，可在电厂级进行监测。这一级的监测通常包括非计划停堆次数、触发安全系统次数以及非计划的能力因子损失等。

维修规则中允许许可证持有者将那些能够证明其预防性维修有效的 SSC 纳入(a)(2)进行性能跟踪。对应纳入(a)(2)的 SSC，许可证持有者必须建立适当的性能指标。监测性能唯一例外的情况是某 SSC 被认为具有固有可靠性或允许其运行到失效。对性能指标设定具体值时应有充分的技术依据，以便该 SSC 的性能可以反映出其预防性维修是有效的。相比之下，许可证持有者无法证明其具有有效的预防性维修的 SSC，将其纳入(a)(1)则可更有效地进行监测。纳入(a)(1)进行监测的 SSC，许可证持有者必须设定相应的目标。与此同时，该目标应与安全相符。按照维修规则中(a)(1)及 NUMARC 93-01 中的要求，绝大多数许可证持有者对存在性能缺陷的 SSC 进行监测，直至其性能得以改善，进而将该良好状态下的 SSC 重新纳入(a)(2)。

假若某 SSC 满足其性能指标或从未发生过重复性 MPFF，则认为对该 SSC 实施的预防性维修活动是有效的，可以继续按照(a)(2)中的要求进行跟踪。当该 SSC 不能满足其性能指标或重复经历了一次 MPFF，许可证持有者必须分析其原因并确定是否将该 SSC 纳入(a)(1)进行监测。在(a)(1)中除对 SSC 的可靠性、可用性进行监测外，还应制定一些目标，这些目标是能够明确反映出导致该 SSC 被纳入(a)(1)进行监测的问题原因。NRC 期望许可证持有者能够在持续的基础上，对纳入维修规则内 SSC 的性能和状态进行监测以满足目标或性能准则。正如(a)(3)中的要求，许可证持有者必须每个换料循环对维修的有效性进行评价，且评价周期不超过 24 个月。

3.1.1　对 RG 1.160 的第 2 次修订

基准检查期间发现，指导文件（即 RG 1.160 和 NUMARC 93-01）明显需要进行修订以反映所获得的经验总结。对指导文件的修订（迭代过程）的需求源于维修规则中的通用要求，是指导文件中具体意见和许可证持有者在执行维修规则要求时应有的灵活性之间的权衡。

3.1.2　发现

维修规则正式生效前，针对检查程序和指导文件实施的充分性，核工业界还开展了一次验证和确认计划，而 NRC 工作人员选取了一批试点核电厂进行评价。这些活动完成之后，NEI 发布了第 2 版 NUMARC 93-01（1996 年 4 月）。1996 年 8 月 NRC 工作人员随后起草了 DG-1051（提议为第 2 版 RG 1.160），至 1996 年 11 月 15 日前为公众评论期。然而，为了能将最初基准检查的经验总结吸收进来，NRC 工作人员直至 1997 年 3 月才正式发布了第 2 版 RG 1.160。

第 2 版 RG 1.160 对第 2 版 NUMARC 93-01 进行认可和澄清。其中反映了对 DG-1051 的公众评论、基准检查的经验总结，以及 1996 年 10 月 15 日和 1997 年 1 月 9 日召开的两次公众会议中的讨论。下述的段落描述了第 2 版 RG 1.160 中最明显的一些修订。

（1）维修规则的变化：RG 1.160 第 1 版发布之后，维修规则经历过两次修订。1996 年 8 月 28 日，维修规则进行了修订，特别针对退役状态的核电厂所筛选的 SSC。1996 年 12 月 11 日，作为 10 CFR 50 中最终规则制定的附录 S“核电厂地震工程标准”，NRC 变更了(b)(1)中对安全相关 SSC 的定义以与其他法规中的定义保持一致。但法规中的这些变更不会直接影响到运行核电厂的许可证持有者。

（2）安全重要分类过程：本说明是 NRC 工作人员对第 2 版 NUMARC 93-01 中描述的安全重要分类过程中描述的认可，仅限于维修规则的应用。如需要，RG 1.160 也会进行修订，以反映出推荐法规指导中对将 PRA 应用于监管事项的要求。由于监管一致性的原因，对 RG 1.160 的修订是可取的，并且也符合 NRC 的目的［如维修规则的考虑声明（SOCs）所述］，许可证持有者在维修规则中使用 PRA 的方法可能因技术改进和经验反馈而改变。

（3）10 CFR 50.65(b)中规定的 SSC 范围：虽然在(b)部分已经对纳入维修规则的 SSC 范围有了明确的规定，但经验表明仍需在下述两方面做主要的说明：

1）“可能导致”：这一说明给出了如何识别应纳入维修规则范围内的非安全相关 SSC 的指导，因其发生故障可能导致反应堆停堆或安全系统动作。

2）用于缓解事故或瞬态或 EOP 中用到的 SSC：本次修订声明将直接用于缓解事故或瞬态或用在 EOP 中的 SSC 纳入到维修规则范围，该部分 SSC 是缓解功能的重要组成部分。另外，该准则包括了需用于支持缓解事故或瞬态的 SSC 或有利于 EOP 实施的 SSC，即使是这些 SSC 并未作用于事故或瞬态或未在 EOP 中明确引用。即便通信系统和应急灯系统是上述准则的很好的例子，但 NRC 工作人员仍发现一些许可证持有者未将其纳入维修规则范围，因此随后增加了该部分的声明。

（4）MPFFs 作为一类可靠性指标：上文中提到，检查人员发现因对所设定的性能指标没有充分的技术基础，所以多数许可证持有者未能制定出与安全相称的可靠性性能指标。第2版RG中对如何利用MPFF作为可靠性的指标进行了声明。另外，关于可靠性指标的后续指导可在RG 1.160第3版中给出：“一些许可证持有者在其维修规则监测大纲中同时对功能失效（FF）和MPFF进行监测。FF的定义是某SSC无法执行其维修规则预定的功能；但FF可能并非都是由维修所引起的（例如，操作人员失误、设计缺陷）。相比每个监测周期MPFF发生的次数，FF发生的次数可能在设备可靠性方面提供更为精确的信息，因此许可证持有者可能会选择每个监测周期内对FF发生次数进行监测，而不是对MPFF的次数进行监测。另外，可认为每个监测周期内的MPFF是FF的一个子集。鼓励许可证持有者在其监测大纲中尽量保守，但许可证持有者和NRC检查人员应了解对每个监测周期内FF的监测并不是维修规则中的要求”。

（5）构筑物监测：对试点核电厂的大纲检查发现，很有必要在NUMARC 93-01中增加关于构筑物的监测指导（即在第2版的NUMARC 93-01中增加相应的指导意见）。正如上文所述，许多基准检查认为对构筑物的监测应在相应指导可用之后作为一项检查跟进项。核行业在NEI 96-03中增加了相应的指导意见，但第2版RG 1.160中未能及时引用。NRC工作人员认为尽快给许可证持有者提供相应的指导非常重要，因此在RG 1.160的C章节增加该部分内容——构筑物监测。

（6）低安全重要且运行的SSC：上文中已经提到，针对低安全重要且运行的SSC，通常会在核电厂级进行监测（即核电厂停堆事件、安全系统触发、瞬态等）。在试点核电厂大纲及基准检查中发现，有必要对此进行额外的澄清说明。相应地，在第2版

RG 1.160中对如何处理低安全重要且运行的 SSC 进行了说明。NRC 工作人员注意到在基准检查中，一些许可证持有者仅对非计划自动停堆的次数进行监测，而未监测非计划的手动停堆（即使这些手动停堆可能是对某个自动停堆的预期动作）。考虑到维修规则编制的起因就是源于那些 BOP 系统中低安全重要且运行 SSC 故障多次导致反应堆停堆（包括手动和自动），因此许可证持有者应对所有的非计划停堆进行监测，其目的就是为了评价在电厂级监测的 SSC 所采取的预防性维修活动的有效性。本书 2.5.5 节中给出该问题详细的信息。

3.1.3 结论

在发布第 2 版 RG 1.160 后，NRC 工作人员认为已有足够的指导来验证许可证持有者为实施维护规则的要求所做的努力；然而，用于反映 10 CFR 50.65(a)(4) 的规则制定活动的情况仍应进行相应的修订。

3.1.4 建议

完成基准检查后的经验总结应作为后续修订 RG 1.160 加强监管指导的基础。另外，完成针对 10 CFR 50.65(a)(4) 在 RG 1.160 中的修订以要求许可证持有者在实施维修活动前进行风险增量的评价和管理。

3.2 对检查程序 IP 62706 的开发和修订

在维修规则实施过程中，很显然，应将检查中的经验总结反映到相应的指导文件中。在维修规则完全实施前，很难确定是否有足够的指导文件和检查程序中有很详细的意见去确保维修规则要求的完整执行。维修规则通用要求和执行维修规则中许可证持有者应有的灵活性所带来的不断修订（迭代过程）是很有必要的。

3.2.1 发现

因检查指导修订的需要，NRC 工作人员于 1997 年 12 月 31 日发布了第 1 版 IP 62706。该程序参考了维修规则指导文件的最新版本（即 NUMARC 93-01 和 RG 1.160），其中反映早期基准检查的一些经验总结。程序中也对检查目的、要求和如何确认维修规则中各条要求的执行情况进行了讨论。

3.2.2 结论

NRC 工作人员认为 IP 62706 需要进一步修订，以能够包含 NRC 核准的 10 CFR 50.65(a)(4)条款，该条款要求许可证持有者在对设备进行隔离维修前进行相应的风险评价。

3.2.3 建议

对 IP 62706 进行修订以合并新的检查指导意见，包括 NRC 已核准的 10 CFR 50.65(a)(4)。

4 满足法规要求的 SSC 范围文件应用及检查程序开发

4.1 法规 10 CFR 50. 65(b)要求

法规 10 CFR 50. 65(b)要求纳入维修规则中的 SSC 范围包括了安全相关 SSC，其功能用于在设计基准事故发生过程中及事故后确保反应堆冷却剂系统压力边界的完整性、用于反应堆停堆并维持在安全的停堆状态、预防或缓解事故后果的能力，这些事故可能导致与 10 CFR 100 部分中定义的限值相当的潜在厂外辐照。另外，也要求满足下列任一准则的非安全相关 SSC 纳入维修规则范围内：

（1）用于缓解事故或瞬态、或应用于应急运行规程（Emergency Operation Procedures，EOPs）中；

（2）其失效后会妨碍安全相关 SSCs 执行其安全相关功能；

（3）其失效后会引起反应堆停堆或触发安全相关系统。

为了提高效率和有效性，NRC 检查组要求许可证持有者提交了用于确认哪些 SSC 应纳入维修规则范围的过程和程序的副本。检查组同时要求许可证持有者提交了维修规则范围内和维修规则范围外的 SSC 清单。检查组重点关注了未纳入许可证持有者维修规则大纲范围的 SSCs。如果某 SSC 应纳入维修规则范围但却被许可证持有者排除在外，检查组会去确认许可证持有者是否有充分的技术依据。检查组也对电厂的 FSAR、EOPs 及 IPE 进行了审查以确认许可证持有者是否对筛选 SSC 范围及其在维修规则中的功能制定了合适的过程决策。

4.2 基准检查组的发现

为了确定哪些 SSC 应纳入维修规则范围内，许可证持有者通常会审查核电厂的 FSAR、EOPs 及 IPE。许可证持有者也利用其他一些文件，如核电厂设备清单及质保清单去判断 SSC 是否应纳入维修规则的范围内。一些许可证持有者运用其专家组，大多数许可证持有者审查了广泛的行业运行经验以对 SSC 进行筛选。另外，大多数许可证持有者对系统功能进行了评价，并将此信息呈现在维修规则系统基础文件中，以识别特定系统中 MR 范围内的所有设备。对许可证持有者来说，识别系统功能也使其在系统设备发生故障时易于识别出 MRFF 和 MPFF。

基准检查组发现，即便是有着相似核蒸汽供应系统（NSSS）的核电厂，因其大纲和设计（即系统边界）之间的差异，也会导致纳入维修规则范围内 SSC 的数量和类型存在显著的差异。例如，为了满足 50.65(b) 的准则，许多许可证持有者除筛选单个 SSC 和系统边界外，还对系统的功能进行了筛选。因此，检查组人员在特定核电厂评价其维修规则范围内 SSC 时，必须将其与其他核电厂进行仔细比较。

许可证持有者普遍使用了 NUMARC 93-01 中第 8 章“筛选核电厂构筑物、系统和设备的方法”去判断哪些 SSC 应该纳入维修规则范围内。正如在基准检查所认定的，许可证持有者识别出了绝大多数甚至所有的应纳入维修规则范围的 SSCs。然而，基准检查组也发现有些核电厂在少数安全相关和一些非安全相关 SSC 是否纳入维修规则范围上存在不充分的决策。基准检查组发现平均大约 2~5 个 SSC 或者 SSC 功能应纳入但未纳入维修规则范围。基于这些结果，NRC 工作人员认为行业界较为出色地完成了维修规则中筛选 SSC 要求的工作。

基于基准检查结果以及许可证持有者自我评价过程中的认识，NRC 工作人员发现了一些问题，包括在维修规则正式生效前某些 SSC 未纳入维修规则范围内，或者在检查前许可证持有者未在维修规则大纲中进行合适的范围分类。这些在相应的基准检查报告中被指明为违规行为，将采取一些强制措施。应纳入但未纳入维修规则范围的构筑物的示例如下：开关站继电器厂房、变压器垫、循环取排水间、建筑通道、汽轮机厂房和各种集水坑。未纳入维修规则的系统和设备的例子包括空气压缩机、事故采样系统、冷却水系统、循环水滤网、通信设备、冷凝器排气系统、控制棒位置指示器、主控室报警器、冷冻保护设备、燃料吊装机、电缆、应急照明系统、发电机支持系统、非关键电力分布系统、核电厂计算机、棒位监测器、厂用水、变压器、通风支持系统以及各类辐射监测器。未纳入维修规则范围的系统功能为一些安全相关功能、事故缓解消防功能、冷凝水箱注入净化水功能、应急原生冷却水功能、棒控功能、安全壳大气处理功能、补给水恢复功能以及沸水堆技术规格书模式 2 至模式 5 中有要求的功能（即启动、热停、冷停、换料模式）。

正如基准检查中所示，若许可证持有者能够给出足够的技术依据，一些 SSC 或 SSC 功能可以不纳入维修规则范围内。例如，在某核电厂，检查组认为循环水的冷却塔应纳入维修规则范围内，因为冷却塔功能丧失导致过反应堆跳堆事件。而在另一核电厂，未曾发生过包含冷却塔的特定事件，广泛的行业运行经验未识别出相似的失效模式，因此许可证持有者给出了充分的技术依据而未将冷却塔纳入维修规则范围内。

4.3 检查结论

许可证持有者普遍能够较好地识别出纳入维修规则的 SSC。基准检查组发现每个核电厂平均大约存在 2~5 个 SSC 或 SSC 功能应纳入而未纳入维修规则中的情况。

因为维修规则是一份基于性能的法规，只要有充分的技术依据，许可证持有者可以灵活地去增加或移除维修规则范围内的 SSC。另外，针对 10 CFR 50.65(b)(2)定义的应纳入规则范围的非安全相关 SSC，如果其性能表明对其中的事故没有贡献，许可证持有者可以将其排除在维修规则范围外。

4.4 NRC 给出的建议

利用维修规则实施指导的灵活性，许可证持有者需提供足够的技术依据，以便根据 10 CFR 50.65(b)对 SSC 的范围进行基于性能的决策判断。

5　风险确定过程——对 SSC 进行高或低风险的分类

基准检查组审查了许可证持有者在 NUMARC 93-01 的 9.3.1 节“确定风险重要标准”中风险确定的指导和程序，NUMARC 93-01 风险重要性确定指南建议专家组使用 NUREG/CR-5424 的德尔菲方法，并以本核电厂的 PRA 或 IPE 报告作为补充，将 SSC 按照维修规则范围划分为 HSS 或 LSS、SSC。该指南还使用了风险减值（RRW）、风险增值（RAW）和堆芯损坏频率（CDF）贡献等 PRA 重要性措施，并在制定维修规则范围内对 SSC 进行风险排序时，向专家组提供这些信息。此外，NUMARC 93-01，9.3.1 节提供了这些重要度量的数值限值（例如 RAW>2，RRW >1.005，以及占 CDF 割集的 90%），作为识别 HSS 和 LSS、SSC 的定量标准。

基准检查结果表明，在 NUMARC 93-01 的指导下，所有的许可证持有者都遵守并使用规定的重要测量阈值，以确定在维修规则范围内的 HSS、LSS 和 SSC。此外，一些许可证持有者在对 HSS 和 LSS、SSC 的风险排序中使用了其他的重要措施（例如 Birnbaum 重要度、FV 重要度）。在这些情况下，替代重要度量的阈值等同于更常用的重要度量规定的标准。然而，NRC 工作人员注意到，NUMARC 93-01 中所规定的 RAW、RRW 和其他重要度的通用值并不能反映具体情况下核电厂特定的风险情况。因此，仅使用这些数值可能会导致维修规则范围内 SSC 的风险等级不一致。

为了弥补在 PRA 中 SSCs 潜在的不一致的风险等级，专家组使用重要度阈值来确定在维修规则范围内的 HSS 和 LSS、SSC 的最终列表。通常情况下，专家组的成员包括在核电厂运营维护和工程方面有丰富经验的工作人员，以及 PRA 专业人员。在许多情况下，专家组还负责确定哪些 SSC 应在维修规则范围内，根据 SSC 性能将 SSC 从(a)(2)条款移动到(a)(1)条款或从(a)(1)条款到(a)(2)条款进行分类，以确定 SSC 应该具有的目标或据此制定性能指标，改善 SSC 性能的纠正措施，或提供有关维修规则计划其他要素的建议。

5.1　在确定 SSC 风险较高时使用的 PRA 重要性措施

NUMARC 93-01 讨论了基于安全（风险）重要度对 SSC 进行分组的常用方法。确定其风险重要度的一种可接受方法是使用 PRA 重要度分析，如果 SSC 的可靠性或可用性降低，则可以提供个体 SSC 的相对风险影响的定量值（如基于 CDF 的风险值）。这一方法还要求专家组考虑与设计和运行经验有关的问题，以对 SSC 进行适当排序，并避免将 HSS 或 SSC 误分类到 LSS 组中。

所有许可证持有者都应使用 PRA 的重要度标准，基于一级 PRA 分析（例如：CDF 割集贡献，RAW，RRW），以支持 SSC 在维修规则范围内的安全重要度的定量决策。几乎在所有情况下，如果任何 SSC 的重要度措施超过了 NUMARC 93-01 的阈值，许可证持有者则将此 SSC 归类为 HSS。在一些核电厂，许可证持有者没有利用其二级 PRA 模型和/或停堆 PRA 模型信息来解决未在一级 PRA 模型中建模的 SSC（例如安全壳隔离阀）的安全重要度确定问题，因为早期大量释放频率（LERF）数值信息没有提交给专家组。然而，在大多数情况下，许可证持有者的专家组会考虑到运行经验和设计基础信息，以适当识别在二级 PRA 分析中应被分类为 HSS 的 SSC。

在基准检查期间，专家组审查了特定的核电厂的信息，以确定 PRA 中使用的基本数据假设是否与实际的运行数据一致。过于保守的假设可能会提高某些 SSC 的重要度，同时掩盖其他 SSC 的真正重要度。例如，对于某些 SSC 的通用可靠性和维护不可用性数据（可能比特定核电厂的值更保守），可能会使风险排序结果出现偏差。其他风险相关的应用中使用 PRA 重要度相关的技术问题详见 1998 年 7 月发布的《NRC 管理指南 1》附录 A. 174. “特定电厂运行许可证基础变更的风险知情决策中使用的概率风险分析方法”。

该维修规则的范围扩展到可能没有足够详细建模的各种 SSC：在 PRA 中以支持有关安全重要性的决策。在 PRA 研究中许多复杂系统通常被建模为“超级组件”或“黑匣子”（如柴油发电机、汽轮机跳闸系统等）。在几个 PRA 中，系统性能的风险影响只能通过始发事件（如汽轮机冷却水泄漏、仪表空气损失等）进行建模。该 PRA 建模可能会导致某些系统的风险排序不准确，因为它们的重要性可能直接或间接地被风险等级（如共因故障）所掩盖。对于这些特殊的 SSC，专家组在维修过程应能够定性评估 SSC 的风险贡献，并对 SSC 进行恰当的排序。

影响 PRA 风险排序结果的另一个因素是主要事故序列中对操纵员行为的建模。通常情况下，主观判断涉及估算与事故序列割集中模拟的操纵员动作相关的人因失误概率（HEP）。在某些情况下，操纵员恢复操作的成功概率（即低 HEP）与序列的分配有关，这导致相关 SSC 被列为低风险要素。因此，我们不需要确定受操纵员恢复操作影响的 SSCs 的安全重要性，这些操作仅在主要的事故假设中建模。在关于使用 CDF 贡献和 RRW 方法的风险重要性确定方法的讨论中，NUMARC 93-01 建议消除与维护无关的割集（例如仅包含操作员恢复失误和外部始发事件的割集①），以避免由于操作员恢复操作造成的潜在的“屏蔽”效应，以及外部或内部始发事件。在这些情况下，应谨慎地消除此类割集，以确保消除的割集不会影响 SSC 的维修活动。否则，由操作员失误引起的 MPFFs 可能会从风险排序过程中筛选出来。因此，在许可证持有者 PRA 模型中对操作者行为的处理及其对风险排序结果的影响应提交给专家组，以支持 SSC 的恰当排序。

5.2 使用专家组确定风险重要 SSC

在基准检查期间，检查组发现，许可证持有者采用了多学科专家组审查流程，由 PRA、运行、工程和维修方面的专家合作审查。这使被许可方人员能够在本维修规则范围内就 HSS 和 LSS SSC 共同做出合理的风险决策。在早期基准检查期间，小组发现

① 割集是系统中的一组设备或组件，其故障将导致系统失效。例如：最小割集是系统中导致系统失效的故障组件的最小集合。实际上，可靠性分析工作人员可以使用割集来识别导致系统失效的故障组件的不同组合。

了一些 PRA 知识薄弱的专家组。在大多数情况下，专家组在确定维修规则范围内的 HSS 和 LSS SSC 时，使用其他风险告知方法（如大量早期释放频率、停堆 PRA）做出保守决策。在少数情况下，许可证持有者的专家组没有分析其他风险信息提出的应对措施，而导致做出非保守的决定。

为了确定维修规则范围内的 HSS 和 LSS SSC，专家组审查了 PRA 和非 PRA 的信息，这些信息是通过对 PRA 的重要度评估、运行经验、工程判断和维修结果等多学科的审查来综合确定风险决策所需要的。然而，一些许可证持有者使用 FV 重要度与 Birnbaum 重要度的横向和纵向二维图来确定 HSS 和 LSS SSC。阈值与 NUMARC 93-01 第 9. 3. 1 节“建立风险重要标准”中的 RAW 和 RRW 中使用的阈值相同。结果可以绘制在图表上，该图表提供了一个简单的二维图，有四个象限，其中 SSC 根据系统的重要性被识别为 HSS 和 LSS。

5. 3 其他监管应用中对 PRA 和专家组的使用

NUMARC 93-01 所述的风险重要性确定过程通常可以将 SSC 分为两个安全重要性类别，以用于执行维修规则的要求。然而，该过程可能不适用于其他监管应用，如分级质量保证、定期试验、在役检查和核电厂特定的许可基础变更。这些应用中的每一项都可能需要额外考虑特定应用 SSC 的风险排序产生的影响。例如，考虑到特定于核电厂的基准风险水平，建议分级质量保证计划中 SSC 的风险等级使用安全重要性的分类标准。

在 MR 实施过程中使用一个多学科专家组可以确保综合确定论和概率论分析方法，以支持有关 SSC 安全重要性的决策，尽管使用多学科专家组的方法可能使其他风险相关监管应用受益，但专家组的具体组成可能会有所不同，在某一特定应用中使用概率论和确定论要素的分析方式也会有所不同。此外，许多许可证持有者使用专家组来支持与维修规则相关的其他决策活动，如维修规则的范围、监管水平以及(a)(1)与(a)(2)中的条款确定。

5.4 小结

许可证持有者使用确定风险重要性的方法与 NUMARC 93-01 中的指导一致。使用专家组审查程序将确定性与概率论分析方法相结合，是确定 SSC 风险等级的适当而切实可行的方法。在早期基准检查期间，工作组发现一些专家组缺乏概率论相关知识。在大多数现场，专家组成员都了解 MR 并拥有丰富的行业经验，以支持确定 SSC 风险等级的决策过程。专家组所需的组成也符合 NUMARC 93-01 中的要求。

由于基准检查，NRC 工作人员确定了关于风险等级确定过程的下列问题和建议。在解释 NUMARC 93-01 的有关指导意见时，应考虑以下建议：

（1）NUMARC 93-01 中 9.3.1.1 和 9.3.1.2 节建议许可证持有者在风险确定过程中消除与维修无关的 RRW 措施和割集（如操纵员失误，外部事件和始发事件）。提出这一导则是为了避免 PRA 建模假设（如更高的概率估计）用于操纵员失误以及外部和内部事件，从而可能掩盖某些 SSC 的重要性。在少数情况下，此导则导致许可证持有者识别某些 SSC 为 LSS 而不是 HSS。此时应谨慎删除 RRW 重要度和割集，以确保删除的割集不会隐含地考虑与某些具有高重要度排序 SSC 相关的维修活动。

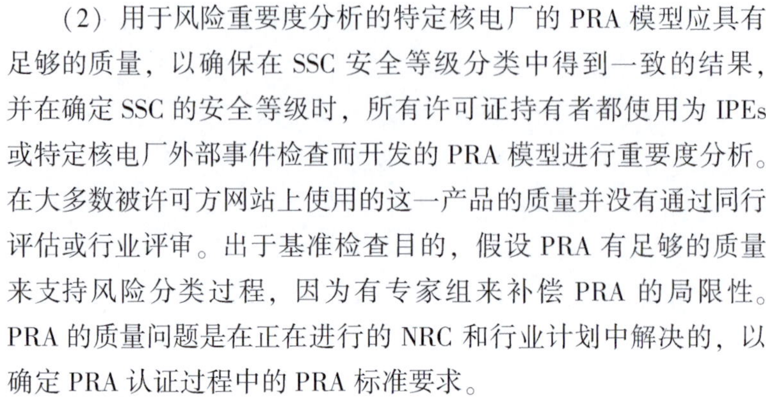

（2）用于风险重要度分析的特定核电厂的 PRA 模型应具有足够的质量，以确保在 SSC 安全等级分类中得到一致的结果，并在确定 SSC 的安全等级时，所有许可证持有者都使用为 IPEs 或特定核电厂外部事件检查而开发的 PRA 模型进行重要度分析。在大多数被许可方网站上使用的这一产品的质量并没有通过同行评估或行业评审。出于基准检查目的，假设 PRA 有足够的质量来支持风险分类过程，因为有专家组来补偿 PRA 的局限性。PRA 的质量问题是在正在进行的 NRC 和行业计划中解决的，以确定 PRA 认证过程中的 PRA 标准要求。

（3）对于未来基于风险指引、基于性能的检查计划，许可证持有者在其他监管应用范围内确定 HSS 和 LSS SSC 的风险确定方法也应考虑特定核电厂的基准风险级别，这可能会导致在审查中的特定核电厂和监管应用中使用更合适的重要度量阈值。

（4）NRC 和许可证持有者对基于风险指引、基于性能的监管活动的资源投入最初很高，应得到认可并承诺提前履行。基于风险指引和基于绩效的监管活动需要与业界协调，以制定明确的实施指南。

（5）每当实施核电厂设计重大变更、更新 PRA 模型以及获得新的可靠性和可用性数据时，应重新评估风险评价结果。

（6）目前，NUMARC 93-01 第 9.3.1 节仅就使用专家组通过评估 PRA 风险排序并结合设计和运行经验的考虑来确定 SSCs 的安全重要度等级提供指导。业界应考虑使用专家组来支持与规则其他部分有关的决策活动，如 MR 的范围、建立目标和性能指标，当 SSC 应从(a)(2)段移至(a)(1)段或从(a)(1)段回到(a)(2)段时，采取纠正措施以改善其性能，根据(a)(3)条规则进行定期评估，并根据新的(a)(4)条款在进行维护活动之前执行安全评估。

6 目标设定、监测及预防性维修的有效性

在每个核电厂，基准检查组都审查了许可证持有者的维修规则大纲文件、程序以及相应的记录以便于去评价设定目标和监测 SSC 性能的过程是否满足(a)(1)，并验证预防性维修的有效性是否满足(a)(2)。在每个核电厂，检查组均选取了一些纳入(a)(1)进行监测或纳入(a)(2)进行跟踪的高安全（风险）重要和低安全（非风险）重要的 SSC，以确认许可证持有者对选取的 SSC 是否完成了维修规则中的所有要求。另外，检查组也确认了是否对纳入(a)(1)进行监测或纳入(a)(2)进行跟踪的 SSC 分别建立了适当的目标和性能指标。

6.1 对 SSC 分类纳入(a)(1)或(a)(2)

RG 1.160 认可的 NUMARC 93-01 中声明，当 SSC 性能超出设定的指标或重复发生 MPFF 时，应将其纳入(a)(1)设定目标并进行监测。基准检查组核实了许可证持有者是否恰当地遵守本导则以确认 SSC 应纳入(a)(1)进行监测或(a)(2)进行跟踪。检

查组也核实了许可证持有者是否充分识别出 MPFF 或不可用数据，以及当超出性能指标时是否将 SSC 移至(a)(1)进行监测。当超出性能指标时，许可证持有者是否将 SSC 移至(a)(1)进行监测、建立更为有效的监测目标、进行原因分析或根本原因分析，并采取纠正措施以促进 SSC 的整体性能。正如第 2 版 RG 1.160 所声明，纳入(a)(1)进行监测的 SSC 数量并不会被 NRC 视为许可证持有者预防性维修大纲有效性不足的依据。因为维修规则是一份风险指引型、基于性能的法规，许可证持有者有充分的灵活性在其监测大纲中建立最为有效的方法促进 SSC 的整体性能。

基准检查组审查了许可证持有者评估纳入(a)(2)进行跟踪的一组高安全（风险）重要 SSC 和低安全（非风险）重要 SSC，以确认其是否应纳入(a)(1)进行目标设定和监测。检查组也核实了许可证持有者对纳入(a)(1)的 SSC 是否设定目标、是否考虑了根本原因或原因分析，以及是否采取了相应的纠正措施去促进 SSC 的性能。另外，检查组核实了许可证持有者在制定目标时是否考虑了行业的运行经验。

6.1.1 发现

基准检查组认为许多许可证持有者在某些情况下并未：

(1) 建立适当的与安全相称的目标；

(2) 以充分的技术依据制定性能指标；

(3) 从 PRA 对可靠性和可用性的假设来设定目标和性能指标。

另一个普遍的不足是许可证持有者未对一些高安全（风险）重要及低安全（非风险）重要且备用SSC 的 FF、MPFF、重复性

MPFF、和/或不可用度进行适当的监测或持续跟踪。另外，一些许可证持有者的根本原因分析或原因分析及纠正措施不足，其结果导致对 SSC 性能评价不够充分。基准检查组将许可证持有者未能充分监测归结为以下原因：

（1）有限的人力资源；

（2）跟踪和趋势分析的数据库不足以对设备性能进行监测和趋势分析；

（3）对负责评价和跟踪 FF、MPFF、重复性 MPFF、不可用度数据及数据库录入的系统工程师没有充分的培训；

（4）设定目标和性能指标时没有充分地从 PRA 风险视角去评价。

早期基准检查中，许可证持有者仅将很小一部分 SSC 纳入(a)(1)进行监测。许多许可证持有者不愿将 SSC 纳入(a)(1)监测的原因是其认为 NRC 和核电厂管理层会将纳入(a)(1)的 SSC 数量作为维修不足的一个指标。基准检查组也发现一些 SSC 超出其性能指标，或并未建立恰当的性能指标。基准检查期间，检查组提醒许可证持有者当超出性能指标或发生重复性 MPFF 时不将相应的 SSC 纳入(a)(1)将有可能违反维修规则；因此，许可证持有者在识别出维修相关的性能问题时应当将 SSC 移至(a)(1)。基准检查组也继续对许可证持有者强调 NRC 工作人员不会将纳入(a)(1)进行监测的 SSC 数量作为维修不足的指标。随着基准检查工作的继续开展，更多的许可证持有者使用(a)(1)的监测分类去关注存在维修问题的 SSC，并采取相应的纠正措施以促进其性能。

6.1.2 结论

某些情况下，许可证持有者没有：

(1) 建立适当的与安全相称的目标；

(2) 以充分的技术依据制定性能指标证实预防性维修的有效性；

(3) 从 PRA 的假设来设定目标或性能指标。

一些许可证持有者也未对一些高安全（风险）重要及低安全（非风险）重要且备用 SSC 的 FF、MPFF、重复性 MPFF、和/或不可用度进行适当的监测或跟踪。一些许可证持有者的根本原因分析或原因分析及纠正措施不足。基准检查组认为从某种意义上讲，许可证持有者不愿将 SSC 纳入(a)(1)进行监测或缺乏对目标、性能指标不足或超出的认识导致了未能充分地进行监测。

对许可证持有者不愿将 SSC 纳入(a)(1)进行监测的问题，已经在 1997 年 3 月出版的第 2 版 RG 1.160 和 1997 年 4 月 14 日发布的信息通告 IN 97-18 “维修规则基准检查中发现的问题”中说明并有效解决。

6.1.3 建议

许可证持有者可考虑将纳入(a)(1)进行监测的 SSC 数量作为其核电厂维修规则有效性的一个内部指标。NRC 不会将其作为维修不足的一个指标。NRC 可考虑将重复返回(a)(1)进行监测的 SSC 数量作为维修规则有效性的一个指标。

6.2 根据(a)(1)进行SSC的监测并采取纠正措施

NRC审查了许可证持有者的根本原因及原因分析过程、采取的纠正措施、为促进根据维修规则(a)(1)进行监测的高安全(风险)重要SSC、低安全(非风险)重要且备用的SSC及低安全(非风险)重要且运行的SSC的性能而设定的目标。特别的，NRC评估了许可证持有者是否已建立适当的：

(1) 高安全(风险)重要SSC的可靠性和可用性目标；

(2) 低安全(非风险)重要且备用SSC的可靠性、可用性或状态监测目标；

(3) 低安全(非风险)重要且运行SSC的电厂级目标(如：紧急停堆、安全系统触发、非计划能力因子损失)。

6.2.1 发现

绝大多数许可证持有者按照(a)(1)中的要求开发了特定核电厂的维修规则系统健康计划，设定了监测目标、完成根本原因和/或原因分析、实施纠正措施以促进SSC整体性能。

早期检查中，基准检查组认为一些许可证持有者未能在所有情况下建立与安全相称的目标。例如：不少许可证持有者在没有充分的技术依据下设定了可靠性的目标(如一个监测周期内发生MPFF的次数)。某些情况下，与需求次数相比较，许可证持有者所设定的MPFF的允许次数会显示SSC的可靠性比在用于确定SSC风险重要度的风险分析中的假设低得多。具体而言，许可证持有者未说明目标或性能指标的设定是否均保留了核电厂特定PRA、IPE或其他风险分析中所定义的假设。许可证持有者也未对某些高安全（风险）重要 SSC 建立可用性目标或性能指标。许可证持有者的纠正措施包括利用重要度方法（如：RAW）完成敏感性分析以根据 PRA 中的假设来对在(a)(1)中监测的 SSC 确定更为适当的目标。

此外，维修规则中的(a)(3)要求对通过预防性维修所提高的可靠性与相应的不可用的最小化之间进行平衡。因未对一些 SSC 设定适当的可靠性目标或没有设定某些 SSC 的可用性目标，一些许可证持有者在设定(a)(1)中的目标时，没有充分执行“平衡”这一要求。

一些许可证持有者迟迟未能对负责执行 FF、MPFF、重复性 MPFF 及过多的不可用的监测和趋势分析工作的系统工程师进行质保资质审查和相应的培训。包括根本原因及对 FF、MPFF、重复性 MPFF、过多不可用的原因分析的培训大纲；也包括为促进 SSC 整体性能设定目标而采取的纠正措施。

另外，基准检查组发现，针对一些不同及多样性系统或系统内序列间出现某些设备（如：断路器、电动阀驱动机构、电磁阀、限位开关、继电器等）的功能故障时，许可证持有者选择在系统或列级对这些设备进行监测。许多情况下，这些系统的性能不会超出指标；但发生过共因故障的设备级设备有必要纳入(a)(1)进行监测。为了解决这一问题，当这类设备出现重复性 MPFF 时，许多许可证持有者将系统或列边界内的相似设备划分为一类单独的设备纳入(a)(1)进行监测并采取纠正措施以消除共因故障。然而，由于系统或列级性能可接受且导致重复性 MPFF 的共因故障未曾发现，一些许可证持有者未将这类相似设备纳入(a)(1)进行监测。

6.2.2　结论

基准检查的整体结果表明，当出现性能超出指标或发生重复性 MPFF 时，许可证持有者通常会适当的将 SSC 移至(a)(1)进行监测。然而在早期的基准检查中，许多许可证持有者在某些情况下未能设定与安全相称的目标或未能合适地进行 SSC 性能监测。另外，许多许可证持有者并非都能恰当地设定出能够反映 SSC 具备有效预防性维修的性能指标；因此对在(a)(2)中进行监测 SSC 的技术依据不足则应评估是否在(a)(1)进行监测，具体的讨论在第 2.5.3 节中介绍。

6.2.3　建议

即使单个系统或列级的性能是可以接受的，在发生共因故障导致的 MPFF 时，许可证持有者仍应对涉及多系统或列边界的相似设备（如：断路器、电动阀驱动机构、电磁阀、限位开关、继电器等）纳入(a)(1)进行监测。

6.3　根据(a)(2)说明 SSC 具备有效的预防性维修

维修规则(a)(2)中声明，“如果执行适当的预防性维修能有效控制某个 SSC 的性能或状态，使其能执行预期功能，则不必执行(a)(1)节所要求的监测。”NUMARC 93-01 中第 9.3.2 节“评价 SSC 的性能指标”给出了行业指导去判断 SSC 的性能或状态是否有效的被适当的预防性维修大纲控制。

正如 NUMARC 93-01 中所述，应当对高安全（风险）重要的 SSC 设定性能指标以说明其预防性维修的有效性，也为确保特定核电厂的安全分析中所假设的可靠性和可用性得以维持或进行调整。低安全（非风险）重要且备用 SSC 的性能指标可以是可靠性、可用性或状态，但至少应当包括可靠性。低安全（非风险）重要且运行 SSC 的性能指标应在电厂级（如，导致紧急停堆、非计划能力因子损失、安全系统触发）进行评价。检查组对纳入维修规则(a)(2)的 SSC 分别进行了横向和纵向审查比对。

6.3.1 发现

基准检查普遍发现绝大多数许可证持有者能够按照行业指导来实施(a)(2)中的要求。NUMARC 93-01 中要求许可证持有者设定并评价 SSC 的性能指标以验证性能未超出指标的 SSC 纳入(a)(2)进行管理。基准检查组注意到这一部分的内容在行业内存在着相似的不足之处。特别的，许可证持有者并未完全设定适当的：

(1) 与安全相称以及与 PRA 中假设的可靠性或可用性相关联的高安全（风险）重要 SSC 的性能指标；

(2) 某些低安全（非风险）重要且备用 SSC 的性能指标(如，可靠性、可用性或状态)；

(3) 大多数在汽轮机厂房 BOP 的 SSC 的性能指标。

另外，少数许可证持有者未能为在乏燃料水池中安全贮存燃料期间执行保护燃料包壳功能的 SSC 设定适当的性能指标。在一些情况下，设定的性能指标无法反映 SSC 具备有效预防性维修；因此对在(a)(2)中进行监测的技术依据不足的 SSC 应评估是否在(a)(1)中进行监测。

少数许可证持有者没有完全按照 NUMARC 93-01 中的指导，而是设定了新的不同的性能指标。维修规则的灵活性允许许可证持有者通过不同方法去评价纳入(a)(2)中的 SSC，只要该新方法能够充分评价预防性维修活动的有效性。例如：某个核电厂设定了一种新性能指标来跟踪具有冗余列的系统的可靠性，称为维修可预防的冗余功能故障（MPRFF）。MPRFF 指因维修相关的活动导致备用泵不可用或故障。某个许可证持有者的 GSW（厂用水）系统包括了 5 列泵，其中任两列泵组合都能完成系统对温度和水位的要求。该许可证持有者认为在一年中的某些时间段，去评价备用列泵的不可用度或故障不能给安全带来任何提升；然而，对冗余度丧失的跟踪是对系统处于降级状态的一个很好的指标，因此这项工作可以带来一些安全。考虑到特定情景和受影响系统功能的可控，NRC 认为该许可证持有者的做法是可以接受的。

6.3.2 结论

基准检查普遍发现行业界已根据维修规则(a)(2)设定了评估 SSC 的适当的性能指标；然而在多数情况下，设定的性能指标并不能说明其预防性维修的有效性；因此，对在(a)(2)中进行监测的技术依据不足的 SSC 应评估是否在(a)(1)中进行监测。

6.3.3 建议

行业界可能希望去考虑新的附加的方法（如 MPRFF）以说明对冗余设备（如仪表用空压机、厂用水泵等）维修活动的有效性。该方法可以免去对停役维修超期设备列不可用度的跟踪。

6.4 设定目标或性能指标时的安全考虑

维修规则(a)(1)中要求许可证持有者监测核电厂 SSC 的性能或状态，以满足许可证持有者制定的目标，足以确保在 50.65(b)部分定义的 SSC 能够执行其预期功能。许可证持有者必须设定与安全相称的目标。当某 SSC 的性能或状态不能满足所设定的目标时，许可证持有者必须采取适当的纠正措施以促进 SSC 的性能。

如果 SSC 所设定的性能指标能够说明其性能可以通过有效的预防性维修大纲维持，其执行预定功能的能力也满足，则仅纳入(a)(2)，无需按照(a)(1)进行监测。

6.4.1 发现

每个许可证持有者对纳入其自身核电厂维修规则的 SSC 均采用了风险决策的方法。风险决策方法为在对(a)(1)或(a)(2)中 SSC 设定目标或性能指标时考虑安全提供了依据。许可证持有者利用风险决策的结论确定目标或性能指标应该放在电厂级、系统级、列级、设备级或者参数级进行监测。相应的，对高安全（风险）重要和低安全（非风险）重要且备用的 SSC 可以设定系统、列或设备级目标或者性能指标。少数的高安全（风险）重要 SSC（如反应堆保护系统）可以要求参数或者状态监测（如通道级监测或者设备状态监测）以判断在故障发生前某些部件没有处于降级的状态（具体见本书第 2.5.5 节）。状态监测也适用于绝大多数的构筑物（具体见本书第 2.5.6 节）。对其余低安全（非风险）重要且运行的 SSC 则可设定核电厂级的目标或性能指标。基准检查组发现绝大多数许可证持有者在风险确定过程中及将目标或性能指标设置在电厂级、系统级、列级、设备级或参数级时均考虑了安全方面的因素。

几乎所有的许可证持有者使用专家组及风险决策的信息来在电厂级、系统级、列级、设备级甚至参数级设定目标或性能指标。另外，许可证持有者对高安全（风险）重要和低安全（非风险）重要且备用的 SSC 进行了历史性系统审查。由于核电厂记录中不易收集精确的不可用数据，专家组通过月度运行报告采用集体判断的方法来确定系统不可用度。为了验证不可用度，许可证持有者通常会利用新的不可用数据计算 PRA 以确定其结果与原 PRA 假设值的一致性。通过计算每次需求的功能失效来获得可靠性数据。绝大多数许可证持有者选择了基于核电厂特定 PRA 中假设的可靠性和不可用度来设定目标和性能指标。然而在早期基准检查期间，有些许可证持有者并未充分地考虑其 PRA 中的可靠性和可用性假设。

6.4.2 结论

基准检查结果表明所有许可证持有者在风险确定过程中及将目标或性能指标设置在电厂级、系统级、列级、设备级或参数级时均考虑了安全方面的因素。然而有些许可证持有者并未充分地考虑其 PRA 中的可靠性和可用性假设。

6.5 对系统和设备的性能监测和趋势分析

NRC 于 1991 年 7 月 10 日发表的对维修规则的考虑声明中描述到“这些很有可能导致其预定功能失效的 SSC 纳入(a)(1)中

进行的监测，应具有预测性且能提供性能衰退的早期预警。”NUMARC 93-01 对利用预测性维修、检查、试验和性能趋势分析来监测(a)(2)中的 SSC 性能和状态提供了指导意见。另外，列级的性能监测为防止整个系统功能可用但其中某列性能衰退的问题提供了一种方法。如果某设备故障会对整个系统功能无法满足其性能指标或系统级目标有很大贡献，则采用设备级进行监测。

6.5.1 发现

按照第 2 版 RG 1.160 所认可的 NUMARC 93-01 的规定，基准检查组发现几乎所有的许可证持有者都采取了适当的系统级、列级和设备级监测，符合维修规则中基于 SSC 安全重要考虑的要求。许可证持有者对绝大多数高安全（风险）重要 SSC 的可靠性和可用性采用了设备级的监测，因为这些设备会导致一列功能的失效。另外，绝大多数许可证持有者对低安全（非风险）重要且备用 SSC 恰当地采取列级监测其可靠性、可用性、和/或状态。基准检查组注意到绝大多数许可证持有者对低安全（非风险）重要且运行的 SSC 采取了适当的电厂级性能指标（如，导致紧急停堆、非计划能力因子损失、和/或安全系统触发）进行监测。

少数情况下，许可证持有者没有能够按照 NUMARC 93-01 中的规定选择合适的监测级别。其主要原因包括：

（1）有限的人力资源；

（2）跟踪和趋势分析的数据库不足以对设备性能进行监测和趋势分析；

（3）对负责评价和跟踪 FF、MPFF、重复性 MPFF、不可用度数据及数据库录入的系统工程师没有充分的培训；

（4）设定目标和性能指标层级（如，系统、列、设备）时没有充分地从 PRA 风险视角去评价。

基准检查组也发现了在对反应堆保护系统（RPS）及专设安全设施（ESFAS）的状态监测目标或性能指标设定中存在的一个共性问题。现有的技术规格书的监测大纲要求对 RPS 和 ESFAS 在通道级进行定期试验监督。基准检查组认为许可证持有者对这些仪控系统应在列级和通道级同时进行监测，作为其预防性维修有效性的一个指标。检查组确认这种对 SSC 进行状态监测的形式已在技术规格书中有所要求。

然而，许多许可证持有者认为由于单个通道的失效并不会导致系统功能的失效，因此没必要进行通道级的不可用和/或失效监测。这种方法是基于以下的假设，即一旦某通道失效将会被置于断开或旁通状态，RPS 系统仍然能够执行其预定的功能。

NRC 认为许可证持有者一旦发现某通道失效，技术规格书会要求退化通道跳闸的逻辑（如，二取二变为二取一）。因此，跳闸逻辑的退化和可能受到的共因故障可能会引起机组跳闸并影响相应的安全功能。由于通道的维修趋势信息可给许可证持有者提供一个即将发生问题的指示，所以至少在列级（如，部分紧急停堆）和/或通道级进行监测是可取的。RPS 系统是高安全（风险）重要系统，在多数的 PRA 中表明其在每年给定的预期需求次数的失效率极低（如，RPS 可靠性在 10^{-5}/年范围区间）。关于 RPS 可靠性的更多信息见 1999 年 4 月出版的 NUREG/CR-5500 第 2 卷“可靠性研究，西屋反应堆保护系统（1984—1995）”及 1999 年 2 月出版的 NUREG/CR-5500 第 3 卷“可靠性研究，通用电气反应堆保护系统（1984—1995）”。因此，在列级（如：部分紧急停堆）和/或通道级进行状态监测可以防止与 ATWS 相关的系统级失效。这也是判断 RPS 和 ESFAS 维修有效性的更为可取的方法。基准检查组还确认许可证持有者应信任现有技术规格书中的监测大纲以实施维修规则中的监测要求。

另外，基准检查组注意到 NUMARC 93-01 第 9.3.2 节“评价 SSC 的性能指标”在电厂级应用的一些弱项。该部分导则意味着许可证持有者仅对导致非计划自动停堆的 MPFF 进行统计。对 1992—1996 年的年度紧急停堆数据的审查显示手动紧急停堆比率从 21%升至 37.7%。基准检查组也发现绝大多数许可证持有者将引起非计划自动和手动紧急停堆的电厂级 MPFF 进行统计，也有少数的许可证持有者仅统计了非计划自动紧急停堆。相应的，NRC 在第 2 版 RG 1.160（法规观点 1.72）中增加了“非计划手动紧急停堆”，并声明“NRC 工作人员的观点是所有的非预期的紧急停堆都应考虑，包括预期会自动紧急停堆而采取的手动停堆。其目的不是阻止手动停堆停机的行为，而是确保操作人员不去掩盖维修相关的性能问题。”

基准检查组还发现一些许可证持有者针对一些不同及多样性系统或系统内序列间出现某些设备（如：断路器、电动阀驱动机构、电磁阀、限位开关、继电器等）的功能故障时，许可证持有者选择在系统或列级对这些设备进行监测。许多情况下，这些系统的性能不会超出(a)(2)的指标；但设备级发生过的共因故障使得该设备有必要纳入(a)(1)进行监测。详情参见本书第 2.5.2 节。

6.5.2 结论

基准检查组认为许可证持有者应对 RPS 及 ESFAS 在列级

(如：部分紧急停堆) 和/或通道级进行监测。另外，基准检查组还发现目前绝大多数许可证持有者已监测非计划的手动和自动紧急停堆。

6.5.3 建议

NRC 工作人员建议所有许可证持有者应对 RPS、ESFAS 及其他高安全（风险）重要的仪控系统在列级（如：部分紧急停堆）和/或通道级进行监测。NEI 应对 NUMARC 93-01 中的电厂级性能指标进行修订以包括非计划的手动紧急停堆。

6.6 构筑物的状态监测和趋势分析

维修规则要求许可证持有者对构筑物的状态或性能进行充分的监测以合理确保这些构筑物有能力完成其预定的功能。维修规则声明中表明对很有可能导致其预定功能失效的监测，应具有预测性且在失效发生前能提供性能衰退的早期预警。NUMARC 93-01 中第 9.4.2.4 节“监测构筑物级目标”和第 10.2.3 节“监测构筑物状态”提供了构筑物状态监测的相应指导。RG 1.160 法规观点 1.5“监测构筑物”中阐述了 NUMARC 中提供的确定构筑物出现性能衰退状态的技术依据。另外，NRC 利用出版于 1996 年 12 月 31 日的 IP 62002“对核电厂构筑物、非能动设备以及土木工程特性的检查”以确认许可证持有者是否对纳入维修规则的构筑物设定了适当的状态监测大纲。

基准检查组审查了许可证持有者的构筑物监测大纲以确认其制定了合适的性能或状态监测活动。审查中重点强调了监测应具有预测性、能够提供性能衰退的早期预警，以及如果在可行情况下识别可能导致丧失预定功能的失效状态。基准检查组也核实了许可证持有者对当发生状态监测性能指标超标或当土木工程分析确认某构筑物可能在下次的维修规则检查间隔周期前失效时，是否建立了将构筑物从(a)(2)移至(a)(1)的指导文件。

6.6.1 发现

早期的18次基准检查中，一些许可证持有者假定绝大多数构筑物具有内在的可靠性，因此尽管其已经对厂内构筑物实施了监测和预防性维修的工作，但依然没有对这些构筑物在维修规则内制定监测要求。许多构筑物通过操作人员的日常活动进行监测，管理巡检及检查通过核电厂其他部门的日常活动执行。基准检查组发现了15家核电厂在构筑物监测大纲方面存在没有充分执行NRC和行业指导意见的问题；因此检查组开展了一项检测人员跟踪项以在合适的指导意见发布后进行构筑物监测的重新评估。另外，基准检查组也发现一些符合10 CFR 50.65(b)要求的构筑物并未纳入到许可证持有者的维修规则大纲中。

早期的18个基准检查之后，NRC在第2版RG 1.160中增加了法规观点1.5“监测构筑物”。该部分指导意见额外提出了针对构筑物进行状态监测的方法并建立了确定构筑物何种情况下应移至(a)(1)进行监测的技术依据。

在本书前文中提到，NRC在维修规则正式生效前意识到应对构筑物的监测增加额外的指导意见。第2版NUMARC 93-01第10.2.3节“构筑物的状态监测”中包含了相应的指导。然而，NRC工作人员预计NEI将会在NEI 96-03“对核电厂构筑物状态监测的指导”中完成综合性的指导意见。NEI 96-03的目的就是为了给所有的监管应用提供构筑物监测的指导，而不仅仅包括维修规则。尽管 NRC 工作人员对 NEI 96-03 已发表过评论，但 NEI 决定不在 NUMARC 中进行专门的认可。

NRC 发布第 2 版 RG 1.160 后，许可证持有者对其构筑物监测大纲进行了修改以满足 RG 1.160 中给定的指导。基准检查组随后发现，除少数例外的情况，绝大多数许可证持有者均将适当的构筑物纳入维修规则范围内。检查组也发现某些构筑物，如主安全壳，采用已有的监测和试验要求（包括于 10 CFR 第 50 部分，附录 J）。另外一些构筑物，如辅助厂房、汽轮机厂房及开关站，适用于进行状态监测（如：监测浸入地震缝隙的水，其可能导致建筑内部设备的 MPFF）。

一些构筑物需要进行工程评价以设定状态监测的指标。绝大多数许可证持有者建立了构筑物监测大纲，包括具体的定量和定性指标。同样，绝大多数许可证持有者也建立了预测性性能指标或目标，能够在失效发生前为重大的性能衰退提供早期的预警。基准检查组发现绝大多数许可证持有者在(a)(2)范围内对构筑物进行评价；然而，有些许可证持有者发现某些重大的性能衰退会导致少量构筑物移至(a)(1)进行监测，并在计划性维修期间采取纠正措施，这将能够使出现问题的构筑物性能恢复到设计基准的状态。

6.6.2 结论

早期基准检查期间，行业界没有对构筑物监测如何满足维修规则的目的提供充分的指导。随着早期基准检查的进行，NRC 在第 2 版 RG 1.160 中增加了法规观点 1.5 “监测构筑物”。在收到这些指导意见后，几乎所有许可证持有者均开发了能够满足维修规则监测要求的构筑物监测大纲。

6.7 监测功能失效（FF）对比监测维修可预防的功能失效（MPFF）

为了达到维修规则中的目的，基准检查组核实了许可证持有者监测的 MPFF。另外，检查组也核实了许可证持有者是否对 FF 进行监测，即使在维修规则中没有对此进行要求。

6.7.1 发现

早期基准检查期间，检查组发现一些 FF 虽然是由维修所导致，但许可证持有者并未将其归类为 MPFF。如果许可证持有者没有对 SSC 进行充分的监测，当目标或性能超出指标或预防性维修不再有效时，不能适当的识别 MPFF 将会导致违反维修规则(a)(1)和/或(a)(2)的要求。识别 MPFF 方面的问题部分是由于许可证持有者认为 MPFF 的发生会反映出其维修大纲的有效性不足。

绝大多数许可证持有者在其维修规则监测大纲中均对 FF 和 MPFF 进行监测。这些大纲通常会定义 FF 为某个 SSC 无法执行其维修规则预定的功能。基准检查组也发现绝大多数许可证持有者某些时候识别出 FF 是由维修所导致，但也有些情况中 FF 是由其他原因（如：操作员失误、设计缺陷）导致。

6.7.2 结论

许可证持有者可能会在每个循环周期选取监测 FF 而非 MPFF，因为 FF 导致的随机故障可能会提供更为完整的设备可靠性信息。另外，每个循环周期内发生的 MPFF 应视为 FF 的一个子集。虽然许可证持有者被鼓励在其监测大纲中保持保守性，但基准检查组注意到维修规则中没有要求必须对每个循环周期发生的 FF 进行监测。

6.7.3 建议

许可证持有者虽被鼓励同时监测 FF 和 MPFF，但维修规则中并无此强制要求。

7 根据法规进行定期评估

基准检查组核实，许可证持有者通常在每次循环周期完成一次定期评估，不会超过 10 CFR 50.65(a)(3)要求的 24 个月。这些评估的目的是评估许可证持有者是否需要在规则范围内调整 SCC 的目标、性能指标和/或对预防性维修计划。这些评估必须考虑特定核电厂和行业范围的运行经验（IOE）。此外，该规则要求许可证持有者进行调整，以确保通过维修防止 SSC 的故障的目标与由于监测或预防性维修导致的不可用度的最小化目标相平衡。

基准检查组发现，一般来说，许可证持有者在规定的时间范围内完成了定期评估。然而，少数许可证持有者在最初的定期评估中完成得较晚。绝大多数许可证持有者使用的是有关行业中类似系统的可靠性和可用性性能的 IOE 信息，以便在必要时进行调整。大多数许可证持有者还利用 PRA 方法建立了适当的可靠性的和可用性性能指标的技术基础。如果在基于 PRA 假设和特定核电厂的 1OE 数据的限制下，SSC 的性能指标保持范围内，那么基准检查组可以得出的结论是，许可证持有者在可靠性和可用性之间维持了平衡。此外，许多许可证持有者使用定期评估来评估他们维修规则实施大纲的总体效果，并在必要的地方进行调

整以提高核电厂的绩效。

7.1　行业运行经验的运用

维修规则要求，在实际情况下，定期评估应考虑 IOE。这种类型的信息通常可以在许可证持有者现有的运行经验程序中使用。

然而，许可证持有者并不总是修改他们现有的运行经验程序来满足 10 CFR 50.65(a)(1)和(a)(3)的要求。

基准检查组发现，许可证持有者的系统工程师会在一定的时间间隔内（如每个月）定期检查 IOE，并将经验反馈纳入调整过程，以保证有效的维修计划。IOE 来源包括 NRC 公告、通用信函和信息通知，以及供应商技术信息信函（TIL）、通用电气（GE）服务信函（SIL）、西屋核服务咨询函（NSAL）和核服务技术公告（NSTBs），以及核电运行研究所（INPO）发布的重大事件报告（SER）和重要运行经验报告（SOER）。核电厂评估了这些信息，然后将其作为经验反馈信息，在适当的情况下可以调整预防性维修大纲或培训大纲。

许可证持有者不再使用 INPO 核电厂可靠性数据系统（NPRDS）数据库中的 IOE，因为该数据库已被设备性能和信息交换（EPIX）系统取代。EPIX 数据库包含 INPO 信息和数据收集承诺，许可证持有者可将其下载到其特定核电厂的运行经验数据库中。使用此资源，许可证持有者可以在其他核电厂的维修规则范围内比较类似的 SSC 的可靠性和可用性数据。另外，EPIX 数据库包含有关设备可靠性和可用性数据的信息。此信息可用于调整可靠性和可用性目标、性能指标和预防性维修活动。此信息还可用于更新实际的全行业性能数据，以及更新核电厂特定PRA中使用的可靠性和可用性假设。

7.2 可靠性与可用性的平衡

维修规则要求许可证持有者在必要的情况下进行调整，以确保通过维修防止SSC的故障的目标与由于监测或预防性维修活动导致的SSC的不可用度的最小化目标进行适当的平衡。这一要求的目的是确保监测或预防性维修活动不会导致过度的不可用，这会抵消监测或维修活动带来的任何可靠性改进，通过推迟监测或预防性维修来实现高可用性又不会引起低可靠性。

由于在持续（日常）的基础上实现可靠性和可用性的平衡（或优化）是不切实际的，因此许可证持有者应该定期检查他们的维修计划，并在必要的时候进行调整，以改进预防性的维修活动。许可证持有者必须证明他们在定期评估期间（如：每个换料循环一次，不超过24个月）实现了可靠性和可用性之间的平衡。在NUMARC 93-01第12.2.4节“优化SSC的可用性和可靠性”中还提供了额外的指导。

7.2.1 发现

由于尚未建立适当的可靠性和可用性性能指标，一些许可证持有者在平衡过程中遇到了困难。在这些情况下，设定的性能指标没有明确的技术基础。如果使用不适当的性能指标，则无法达到平衡。

绝大多数许可证持有者已经实施了一种适当的方法来评估维修活动，并在每个换料循环（不超过24个月）进行调整。在早期的基准检查中，许多许可证持有者并没有完成他们最初的50.65(a)(3)定期评估，因此，平衡没有被评估。在某些情况下，没有对高安全（风险）重要SSC执行历史检查。大多数许可证持有者都检查了经过这一过程的高安全（风险）重要SSC，并验证了这些调整是为了平衡可靠性和可用性。这是许可证持有者和NRC正在进行的一项活动，可被用来衡量维修规则的有效性。

基准检查组发现，绝大多数许可证持有者通过验证SSC满足它们的性能指标或目标来实现可靠性和可用性之间的平衡。如果性能指标或目标得不到满足，许可证持有者将采取必要的纠正措施来调整目标、性能指标、和/或维修活动，以便实现平衡。

在一些核电厂中，条件概率（成功）的概念被用作性能指标，以确定在高安全（风险）重要SSC的可靠性和可用性之间是否达到了平衡。检查组发现，这些许可证持有者充分利用这种方法来评估可靠性和可用性之间的平衡。设备运行的条件概率（成功）是由以下方程定义的：

$$CP = (PA) \cdot (PS)A \cdot (PR)A\&S$$

式中：PA——设备可用的概率

(PS) A——设备可用时成功启动的概率

(PR) A&S——设备可用且成功启动的情况下连续运行的概率

这个条件概率（成功）方程的简化形式定义了可用性和可靠性变量的乘积。前面的方程提供了一种方法来计算高安全（风险）重要设备在没有超过条件概率故障率的情况下的最大故障数，前提是100%的可用性。另外，可以使用相同的方法来确定最大的允许退出时间或不可用的时间，从而获得完全的可靠性。因此，可以从条件概率中推导出一个适当的最大可靠性和不可用度，许可证持有者可以设置表格显示在导出的条件概率限制范围的所有设备的故障率和不可用数据，可能会在实际周期运行期间出现并且仍然满足其选择的条件概率。故障率和不可用数据可以作为可靠性和可用性的边界限制，并与实际设备性能进行比较，以确定是否达到可靠性和可用性之间的平衡，或者是否需要对设备维修大纲进行调整。

对于高安全（风险）重要 SSC，监测特定 SSC（如：主泵、阀门、应急柴油发电机等）的特定可靠性和可用性数据可以通过建立能够跟踪和趋势分析设备性能的数据库来确认可靠性和可用性之间的平衡。

通过使用条件概率指标来平衡可靠性和可用性，这是一个值得关注的问题，它是可用性变量的可靠性变量。例如，由于设计或环境条件的改善，可靠性可能会增加，而可用性可能因为安排更多的预防性维修而降低，这掩盖了在条件概率公式中提高可靠性的影响。许可证持有者在使用条件概率作为性能指标时应该谨慎，因为它可能导致可靠性和可用性之间的屏蔽问题。这就是为什么大多数许可证持有者为可靠性和可用性建立了单独的性能指标。由于仅使用条件概率作为某些高安全（风险）重要 SSC 的性能指标可能还不够，一些许可证持有者已经停止使用条件概率作为一种性能标准，以满足 10 CFR 50.65(a)(3)的要求。

7.2.2 结论

基准检查组发现绝大多数许可证持有者建立了适当的方法来平衡可靠性和可用性。少数许可证持有者使用条件概率作为 PRA 方法，在可靠性和可用性之间建立边界限制。这些许可证持有者可以单独跟踪高安全（风险）重要 SSC 的可靠性和可用性数据，并使用条件概率值来统计数据是否在可靠性和可用性之间达到了平衡。许可证持有者在使用条件概率作为性能指标时应该谨慎，因为它可能导致可靠性和可用性之间的屏蔽问题。一些许可证持有者没有及时地完成他们的定期评估。许多许可证持有者还使用定期评估来确定其维修规则实施大纲的总体效果，并在必要的地方进行调整以提高核电厂的性能。

7.2.3 建议

许可证持有者可以使用条件概率方法确定可靠性和可用性的适当边界限制；但是，他们应该确保可靠性和可用性的性能指标是单独建立的，以避免掩盖问题。如果使用得当，该方法可以验证可靠性和可用性之间的平衡，以满足 10 CFR 50.65(a)(3)的要求。许可证持有者可以继续使用第(a)(3)项所要求的定期评估以确定其维修规则实施大纲的总体效果，并在必要的地方作出调整以提高核电厂的性能。

8 执行维修前的安全（风险）评估

根据维修规则的第(a)(3)项，NRC 期望许可证持有者在核电厂设备停役或预防性维修之前评估对核电厂安全的影响。这种评估是针对所有运行模式（如：满功率、过渡模式、停堆）以及在维修规则范围内 SSC 的所有维修活动持续进行的。

正如 1991 年 7 月 10 日的 SOC（NRC，1991）中所述，评估停役的设备在安全功能的性能的累积影响是为了确保核电厂不会处于安全（或风险）的重要配置中。这些评估并不一定要求对概率风险作出定量评估。然而，PRA 或 IPE 可能提供有关各种配置的安全重要性的有用信息。根据这些环境或普遍条件，执行此类评估的复杂程度预计会有所不同。评估范围可以从基于定性和定量风险视角的简单矩阵到使用在线实时 PRA 工具或风险监测器。预计随着时间的推移、技术的改进和经验的积累，这种类型的评估将会得到完善。

基准检查组验证了当 SSC 停止服役以进行监测或维修时，许可证持有者是否充分评估了对安全功能执行的总体影响。这包括审查许可证持有者将设备停役以进行维修的流程、程序和方法。审查的重点是评估安全评估的结果，作为通过审查跟踪核电厂设备状态（运行或停役）的控制室日志来控制设备停役配置的输入。对选定配置的风险估计进行了定量审查，并对抽样配置的风险影响进行了定性审查，以确保不发生不良配置。NUMARC 93-01 第 11.0 节中给出了额外的指导。

基准检查组发现，自 1991 年维修规则发布以来核工业界已经发生了变化。一项重大变化是，许可证持有者增加了功率运行时的维修频率和维修量。这可能是由于电力行业的费率自由化导致的，这要求核电厂更有效地运行。提高效率的一种机制是通过在功率运行时执行更多维修来缩短大修周期并减少或消除临时大修。正如在 1994 年 10 月 6 日核反应堆监管办公室（NRR）主任致 NEI 执行副总裁的一封信中所讨论的，NRC 高级管理层开始关注到在线维修频率和数量的增加以及许可证持有者关于维修对核电厂安全的影响明显缺乏了解。

在 1996 年 7 月 10 日维修规则实施之后，基准检查组发现许可证持有者使用了多种方法来评估将核电厂设备停役进行维修的整体安全影响。许可证持有者的安全评估过程要么是定量的，要么是定性的，或者两者兼而有之。在使用定量方法的情况下，基准检查组验证了用于量化风险的 PRA 模型的范围和质量足以支持评估。用于评估 PRA 模型真实性以确定安全重要性的相同考虑也适用于安全评估的分析模型。

许可证持有者使用的定量评估的具体格式各不相同。然而，这些评估的最终结果提供了有关单个维修配置对核电厂风险影响的信息。核电厂风险的具体指标通常有明确的定义（如：CDF、LERF）。在这方面，某些方法已显示出独特的优势和劣势，这些优势和劣势对应于所使用的方法。评估通常考虑与用于缓解事件的 SSC 的计划维修活动相关的风险影响，以及被视为始发事件的 SSC 的风险影响（如：在应急柴油机隔离期间进行开关站维修）。

8.1 风险指引型安全评估程序/风险监测

进行安全评估的新方法包括使用完整的核电厂 PRA 模型或“风险监测器”实际量化计划的维修配置。这种类型的工具可以分析各种独特的核电厂配置。如果使用这种方法，则评估的整体充分性取决于用于量化配置的基础 PRA 模型以及有关考虑进行维修设备的可用性的输入假设的准确性。由于 PRA 模型有时会被简化或优化，因此对优化模型的充分性进行了审查，以确定 PRA 模型是否准确反映了“运行中”核电厂的基准配置。特别是，PRA 模型的范围可能不包括与安全壳性能相关的 SSC。如果在风险监测器中没有对影响安全壳性能的 SSC 进行充分建模，则输出分析将显著低估核电厂的总风险。

一些早期版本的“风险监测器”使用预先求解的割集。在此类 PRA 模型中，可能会从分析中截断非常可靠的 SSC。因此，当截断的 SSC 同时停役时，这些类型的风险监测器的结果的真实性会降低。如果使用这种类型的风险监测器，则必须仔细审查截断阈值以确定其对结果真实性损失的影响。因此，还需要评估涉及截断 SSC 的维修配置的补偿措施。

另一种方法涉及使用预先分析的核电厂配置矩阵。通常，风险矩阵为在线维修定义了不可接受的核电厂配置。但是，这种方法受到可以考虑的预分析配置数量的限制。例如：由于大小限制，矩阵可能不包括一些低安全（非风险）重要的 SSC。低安全（非风险）重要的 SSC 的某些组合可能会停役，并且无法充分评估其风险影响。特别是，紧急情况可能导致风险矩阵中未明确解决的 SSC 配置。因此，核电厂存在超出预先分析条件范围的可能性。至少，当维修配置超出预先分析配置的边界时，NRC 期望许可证持有者的计划确保关键的核电厂安全功能得到维持。

绝大多数许可证持有者在规则范围内对 SSC 进行维修之前，建立并实施了一个持续的、记录在案的过程，用于评估维修配置的整体安全影响。此外，大多数许可证持有者已经开发了数据库来表明哪些 SSC 正在运行或停役。

目前，NRC 工作人员还没有建立关于核电厂风险临时增加的可接受阈值的指南。因此，在基准检查期间受评估的绝大多数许可证持有者使用了由电力研究所（EPRI，1995）开发的专题报告（TR-105396）“概率安全分析（PRA）应用指南”中包含的指南。在基准检查期间，当发现由在线维修活动引起的临时风险变化超过 EPRI TR-105396 中讨论的阈值时，基准检查组评估核电厂风险的临时变化是否合理和受管理。

1997 年 8 月 1 日，NRC 工作人员发布了 SECY-97-173“对 10 CFR 50.65(a)(3)维修规则的潜在修订以要求许可证持有者进行安全评估”。正如 SECY-97-173 中所讨论的，其中评估了 21 个特定核电厂的安全评估计划，基准检查组发现了五个未充分执行安全评估的核电厂。许可证持有者有评估风险的程序；然而，他们的大纲或实施过程中的弱项导致没有进行评估。有两个核电厂，许可证持有者似乎根本没有在独立的情况下进行评估。有一个核电厂，由于在维修计划的“冻结日期”和计划停役维修开始之间发生的紧急工作影响而未执行评估。在另一个核电厂，在预先分析了计划之后，还包括了额外的维修活动。在第三个核电厂，预先分析的风险矩阵中没有对一些停役的设备进行评估；因此，相关风险要高得多。不执行评估的原因包括程序不充分、PRA 工作人员参与不足、不遵守程序以及操作人员和计划人员对 PRA 见解的了解不足。

尽管基准检查期间并未在所有情况下定量确定未评估维修配置的安全重要性，但似乎某些未评估配置导致核电厂处于比假设风险大得多的状态。此外，许可证持有者对风险水平缺乏认识是一个重大的监管问题，因为缺乏认识导致的许可证持有者的程序中的弱项可能允许在未经充分评估的情况下输入更大风险的维修配置。鉴于基准检查组只审查了维修配置的一个样本，工作人员认为五个错过的评估及其明显的风险意义是一个安全问题。

其他 11 个核电厂在其(a)(3)安全评估实施中存在弱项，从轻微的培训弱点到没有将所有高安全（风险）重要 SSC 都包括在风险矩阵中的糟糕程序和方法。绝大多数许可证持有者充分解决了从运行中移除高安全（风险）重要 SSC 的影响，但通常没有明确的方法来评估从运行中移除低安全（非风险）重要 SSC 或评估预分析矩阵之外的组合。另一个常见的发现涉及处理紧急工作的程序弱项。在这 11 个核电厂，检查员没有发现在审查的维修配置样本中没有进行安全评估的具体情况；然而，这些大纲的弱项增加了可能没有进行评估的可能性。

总之，前 21 个基准检查组发现，大约 76%的被检查的许可证持有者在执行(a)(3)安全评估的方法方面存在弱项。在 24%的检查中，检查组发现了未进行评估的情况。工作人员认为，这些调查结果不符合工作人员或委员会目前对(a)(3)中建议的预期。

在 NRC 工作人员发布 SECY-97-173 后，基准检查组完成了 68 次检查的其余部分，在这些检查中，检查组审查了许可证持有者在执行维修之前进行的安全评估计划。总体而言，检查组发现 26 个核电厂（即 38%）实施了良好的安全评估计划，没有或存在非常轻微的弱项，35 个核电厂（即 52%）实施了充分的安全评估计划但存在一些弱项，7 个核电厂（即 10%）在进行维修之前没有进行充分的评估。因此，在 68 个基准检查中，约 62% 的许可证持有者在执行(a)(3)安全评估方面存在一些弱项，包括许可证持有者未执行其计划要求的评估的情况。此评估基于 NRC 在基准检查时得出的结论，并不反映许可证持有者当前的计划，这些计划已更新以实施纠正措施以解决 NRC 和许可证持有者发现的问题、弱项或许可证持有者为改进而发起的安全评估计划升级。

此外，基准检查组发现，一些许可证持有者并未在所有运行模式下对所有维修活动进行安全评估。例如，一个核电厂因余热排出（RHR）系统停机时的维修活动而遭受到损失。其他许可证持有者没有考虑可能暂时取消系统自动功能以及需要复杂的手动操作才能使系统恢复运行的监测活动。

8.1.1 结论

基准检查组发现，自 1991 年维修规则发布以来核工业界已经发生了变化。一项重大变化是，许可证持有者增加了功率运行时的维修频率和维修量。提高效率的一种机制是通过在功率运行时执行更多维修来缩短大修周期并减少或消除临时大修。NRC 担心在线维修频率和数量增加的在某些情况下，许可证持有者对核电厂安全的影响缺乏了解。因此，委员会指示工作人员修订 10 CFR 50.65(a)(3)以要求许可证持有者在进行维修之前进行安全评估。

8.1.2 建议

NRC 工作人员应与行业利益相关者合作修订 NUMARC 93-01 第 11.0 节“停役系统的评估”，该条款可能会得到 RG 1.160 的认可，以解决 10 CFR 50.65(a)(4)的立法活动。有关其他详细信息，请参阅本书的第 2.7.2 节。NRC 工作人员应与 NEI、行业代表和利益相关者合作修订 RG 1.160，为许可证持有者提供足够的指导，以实施符合 10 CFR 50.65(a)(4)要求的安全评估计划。

8.2 关于法规 10 CFR 50.65(a)(4)的立法活动，在停役设备进行维修前进行安全评估

1997 年 8 月 1 日，NRC 工作人员发布了 SECY-97-173“对 10 CFR 50.65(a)(3)维修规则的潜在修订以要求许可证持有者进行安全评估”。SECY-97-173 的目的是获得委员会同意工作人员的建议，即工作人员应提议制定规则以修订维修规则，以要求许可证持有者在将设备停役进行维修时评估对安全的影响。在 SECY-97-173 中，工作人员提出了三种替代方案。第一个选择是不改变规则。第二种选择是将规则用语从“应该（should）”改为“需要（shall）”，以便在停役 SSC 进行预防性维修之前要求进行安全评估。第三种备选方案需要对(a)(3)进行全面修订。作为监管分析的一部分，工作人员将评估所有三种替代方案。关于应采用哪种替代方案的最终建议将基于此监管分析的结果。

工作人员得出结论认为，出于以下原因，应继续制定提议的规则，要求在进行维修之前进行安全评估：

（1）许可证持有者对与维修配置相关风险的理解对安全的重要性；

（2）功率运行期间维修性能的提高；

（3）被许可人提议在其他基于风险的举措中使用他们的(a)(3)安全评估计划；

（4）工作人员在基准检查期间在此问题上获得的经验。

1997 年 12 月 17 日，委员会批准了工作人员的建议，即制定提议规则以修订维修规则，要求在执行维修活动之前考虑安全评估（NRC，1997b），但须遵守以下意见：

（1）尽管所有三个替代方案（包括不改变规则）都应被视为提议规则的监管分析的一部分，但替代方案 1 的扩展或长期监管分析是不必要的。

（2）除了替代方案 2 中工作人员提出的 50.65(a)(3)中“应该”改为“需要”之外，提议规则还应包含与 NRC 监管指南 1.160（第二版）和 NUMAKC 93-01（第二版）一致的章程。如果以下规则用语有问题，工作人员可能会建议委员会考虑替代措辞，作为提议规则制订方案的一部分：

1）由于维修规则的要求，包括对提议停役的 SSC 的评估，适用于所有核电厂的运行模式，因此应在维修规则的序言中添加以下说明：“本节的要求适用于核电厂运行的所有状态，包括正常停堆状态”；

2）将(a)(3)的第三句修改如下：“应在必要时进行调整，以确保通过维修防止构筑物、系统和设备故障的目标与将由于监测或预防性维修导致的构筑物、系统和设备的不可用度最小化的目标适当平衡”；

3）50.65（a)(3)的最后一句应指定为(a)(4)并修改如下：

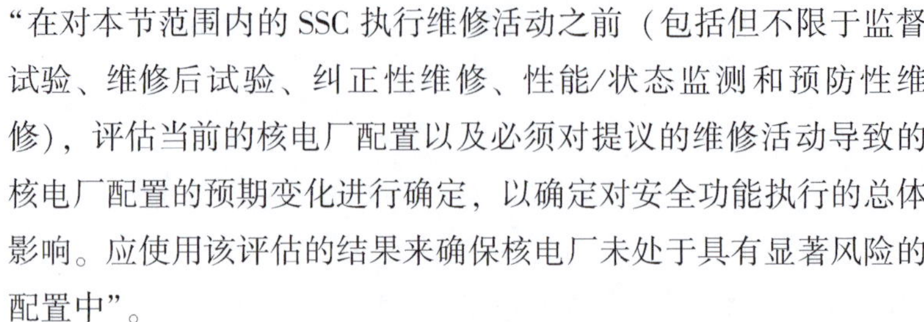

“在对本节范围内的 SSC 执行维修活动之前（包括但不限于监督试验、维修后试验、纠正性维修、性能/状态监测和预防性维修），评估当前的核电厂配置以及必须对提议的维修活动导致的核电厂配置的预期变化进行确定，以确定对安全功能执行的总体影响。应使用该评估的结果来确保核电厂未处于具有显著风险的配置中”。

（3）由于维修规则的更改是一系列更大举措的一部分，包括但不限于对 10 CFR 50.59 的更改和 NRC 对商业反应堆评估过程的综合审查，工作人员应确保这些工作之间的一致性。

（4）在对备选方案 3 的有限监管分析讨论中，工作人员应简要考虑如何实施该备选方案。备选方案 2 的一个弱项是，许可证持有者理论上可以使用技术上较差的方法进行安全评估，并且理论上可以在涉及风险级别的配置中进行维修，这些配置可能是不谨慎的，但许可证持有者仍然争辩说他们符合修订后的维修规则的要求，在执行维修之前考虑了安全评估。

为了解决这个问题，作为未来单独制定规则的一部分，委员会将考虑一项工作人员提议，以通过引用将更新内容纳入 NUMARC 93-01（第二版）和 NRC 监管指南 1.160（第二版），这些更新源自上述第 5 项中描述的活动。

（5）作为此提议规则制定的监管指南的一部分，工作人员应补充和扩展考虑声明中针对原维修规则提出的关于：

1）评估的严格性和复杂性的变化取决于停役 SSC 的数量和安全重要性；

2）NRC 对风险水平的一般期望，评估应考虑这些风险水平，以确保在维修活动期间不会将核电厂置于具有显著风险的配置中。

该讨论认可有多种评估工具可用于确定核电厂配置的风险重要性，包括 PRA、确定性分析、纵深防御的考虑和定性措施。这种讨论缺少备选方案 3 中规则本身对这些问题的综合处理，并且不会构成具有约束力的监管要求。在制定本指南时，工作人员还应考虑 NUMARC 93-01（第二版）第 11.2 节中引用的“评估停役管理的行业行动指南”NUMARC 91-06 是否可以得到 NRC 的认可。与委员会关于方向设定问题 13“行业的作用”的决定一致，工作人员应与利益相关者合作制定监管指南。制定监管指南不应延迟 NRC 工作人员发布提议规则的努力。

在其关于 SECY-97-173（NRC，1997b）的 SRM 中，委员会还指出，监管指南的制定不应延迟提议的维修规则变更的发布。工作人员最初计划结合制定的最终规则准备一份监管指南，并在规则发布之日起 120 天后准备好发布。代表核电行业的核能研究所（NEI）在 1997 年 10 月 10 日给 NRC 运营执行主任的信中特别建议，在(a)(3)段最后一句中使用“应该”改为“需要”并应“立即生效”（NEI，1997b）。此时，NEI 正在对NUMARC 93-01 进行更改以实施修订后的规则。

1998 年 7 月 2 日，工作人员发布了 SECY-98-165“建议修订 10 CFR 50.65(a)(3)以要求许可证持有者进行安全评估”。SECY-98-165 的目的是获得委员会的批准，以发布一项提议规则，要求在将设备停役进行维修之前进行安全评估。按照委员会在 SRM 中关于 SECY-97-173 的指示，该提议规则将：

(1) 在 10 CFR 50.65 中添加一个概述，阐明该规则适用于所有运行状态，包括正常停堆状态。该规则适用于包括停堆在内的所有运行状态，但没有明确说明这一点。作为 10 CFR 50.65 的序言，将在(a)(1)段前添加以下声明：“本节的要求适用于核电厂的所有运行状态，包括正常停堆状态。”

（2）对(a)(3)项中第三句的更改保持搁置，因为所需的修订已纳入1998年版的《联邦法规》。第一个“预防性的（preventative）”改为“预防（preventing）”，第二个“预防性的（preventative）”改为“预防的（preventive）”以保持一致性。

（3）删除规则(a)(3)项的最后一句。这一行动将安全评估要求与(a)(3)项中遗留的规则的更具程序性的定期评估要求相分离。

（4）添加一个新的(a)(4)项，要求进行安全评估。行业指导文件NUMARC 93-01“监测核电厂维修有效性的行业指南”包括推荐计划中的安全评估。NRC在RG 1.160中认可了该指南。该行业的做法是将执行安全评估的规定纳入其维修规则实施大纲，而NRC的意图是执行安全评估。然而，NRC目前无法确保许可证持有者在安全评估方面遵循他们自己的计划。

新的(a)(4)项内容如下：在对本节范围内的构筑物、系统或设备进行维修活动之前（包括但不限于监督试验、维修后试验、纠正性维修、性能/状态监测和预防性维修），必须评估当前核电厂配置以及因提议的维修活动而导致的核电厂配置的预期变化，以确定对安全功能执行的总体影响。必须使用这种评估的结果来确保核电厂没有处于具有显著风险的配置或会将安全功能的执行降低到不可接受的水平的配置。

（5）这些评估的要求范围涵盖所有计划的维修活动。NRC的意图是安全评估的执行不仅限于监测和预防性维修活动。NRC要求许可证持有者在安全方面审查大多数维修活动，同时，在计划的纠正性维修活动之前省略安全评估是不谨慎的。事实上，许多许可证持有者已经自愿在他们的计划中包含了在所有计划的维修活动之前进行安全评估。

（6）规定安全评估将检查现有核电厂条件和维修活动期间预期的条件。提议的描述将更具体地涉及：

1）在开始计划的维修活动之前的核电厂实际条件；

2）预期的活动进行时核电厂条件。该规则将要求许可证持有者认可其核电厂在计划改变核电厂条件以进行维修活动之前和之后执行安全功能的能力。

（7）规定安全评估的结果将用于帮助许可证持有者确保核电厂没有处于具有显著风险的配置中，即配置的年度风险的增量贡献并非微不足道或会将安全功能降低到不可接受的水平。提议的描述将更具体地说明安全评估的目的。

在 NRC 工作人员发布 SECY-98-165 之后，核反应堆监管办公室（NRR）内的质量保证、供应商检查、维修和指控处（IQMB）与 NEI、反应堆保障咨询委员会（ACRS）以及委员会举行了公开会议，讨论 10 CFR 50.65(a)(4)中的最终规则用语。NRC 提议将规则用语更改为 SECY-97-173 中提议的描述，如下所示：

在执行维修活动（包括但不限于监督、维修后试验以及纠正和预防性维修）之前，许可证持有者应评估和管理可能因提议维修活动而导致的风险增量。

NRC 工作人员收到了公众意见，表明维修规则安全评估计划下的 SSC 范围过于广泛。NEI 和行业建议许可证持有者在其安全评估计划中应具有灵活性，以将 10 CFR 50.65(a)(4)的范围限制为由基于风险的评估过程确定的具有安全意义的 SSC。有关此问题的更多详细信息，请参见第 2.11.1 节“NRC 在检查过程中与行业利益相关者的公开会议”。在考虑了这些公众意见后，工作人员提出了以下最终规则用语：

在执行维修活动（包括但不限于监督、维修后试验以及纠正和预防性维修）之前，许可证持有者应评估和管理可能因提议维修活动而导致的风险增量。评估范围可能仅限于基于风险的评估过程已证明对公众健康和安全具有重要意义的构筑物、系统和设备。

1999 年 4 月 8 日，NRC 工作人员与 ACRS 会面，讨论了监管指南（DG-1082）草案“核电厂维修活动前的风险评估和管理”。在这次公开会议上，NRC 工作人员在 DG-1082 中提出了可接受的方法，以便许可证持有者在将 SSC 停役进行维修之前实施安全评估计划。DG-1082 信息将纳入第 3 版 RG 1.160。1999 年 5 月 17 日发布的 SECY-99-133“对 10 CFR 50.65 的最终修订要求许可证持有者在执行维修之前进行安全评估”中详细介绍了公众和行业对提议规则、最终规则和监管分析的评论。

1999 年 6 月 18 日，委员会发布了一项 SRM，批准了关于 SECY-99-133 的工作人员建议中提到的最终规则用语。委员会指示 NRC 工作人员修改 10 CFR 50.65，要求核动力堆许可证持有者应在进行维修活动之前评估和管理可能因进行维修活动而导致的风险增量。委员会还指示工作人员为许可证持有者和检查员完成修订 RG 1.160，第 3 版 RG 1.160 修订完成后 120 天后才会在公共领域生效。在发布最终监管指南之前，工作人员应将其送交委员会审查和批准。

8.3 小结

NRC 工作人员得出结论，应根据 SECY-99-133 中工作人员的建议修订 10 CFR 50.65(a)(4)，委员会在 SECY-99-133 上批准了 SRM。

NRC 工作人员应与行业利益相关者合作修订 NUMARC 93-01 第 11.0 节“停役系统的评估”。工作人员应修订第 3 版 RG 1.160，以努力促成对 NUMARC 93-01 的适用更改的认可，并实施 10 CFR 50.65(a)(4)的规则立法要求。

9 质量保证审查/自我评估

NRC鼓励许可证持有者实施自我评估以在维修规则实施大纲中识别潜在的违规行为并进行必要的改进行动。NRC也在其政策执行中就许可证持有者在对违反维修规则的识别、根本原因分析、原因分析确定及纠正措施方面的工作给予认可。这些措施可被用于将违法行为减轻为违规行为，而不必在检查报告中说明。如果许可证持有者在纠正措施计划中解决问题，并采取行动及时解决问题，则给予相应的认可。然而，如果许可证持有者在自我评估中发现维修规则的一条违反事项而没有完成纠正措施，则会被引用为违法行为。

基准检查期间，检查组审查了许可证持有者维修规则大纲的质保审查或自我评估、程序、实施情况。检查组发现许可证持有者的自我评估通常能够发现维修规则大纲及实施中的一些弱项。自我评估通常能够识别出有关维修规则范围、性能指标和目标、跟踪不可用度和MPFF、及时完成定期评价、调整维修大纲及SSC停役维修前的风险评价等问题。这些问题常常能够在该核电厂进行基准检查前通过许可证持有者的质保组织识别出。在绝大多数情况下，许可证持有者能够识别出问题并采取适当的纠正措施以解决维修规则大纲和实施中的问题。然而，少数情况下，许可证持有者未能在进行基准检查前完成该项工作；因此，NRC根据强制执行政策中关于实施纠正措施的规定，对此不予认可。

绝大多数许可证持有者对识别弱项和维修规则大纲需要改进之处的自我评估都是有效的。NRC 认为自我评估可加强维修规则大纲实施。

许可证持有者应持续进行定期的自我评估活动以核实维修规则大纲不会失效，也应不断展示在维持和促进核电厂整体性能方面维修活动的有效性。

10 处于退役状态的核电厂的维修规则检查

1996 年 8 月 28 日，NRC 修订了维修规则，特别是 10 CFR 50.65(a)(1)，将退役状态的核电厂纳入 10 CFR 50.82。经修订后，规则(a)(1)规定许可证持有者须监测与贮存、控制和保养燃料有关的所有 SSC 的表现和条件，以保证 SSC 能够执行其预期的功能。维修规则修订后，NRC 修订了管理指南 RG 1.160（第 2 版，1997 年 3 月修订）中处理在退役状态下的核电厂的条款。

1997 年 8 月 26 日，NEI 提交了一份工业白皮书"10 CFR 50.65 停堆核电厂的维修规则"（NEI，1997a），以寻求 NRC 的批准。在白皮书中，NEI 指出规则(b)(1)及(b)(2)条的部分条款不适用于已退役的核电厂。NRC 同意退役核电厂维修规则的范围基本上是由(a)(1)条款描述的，但在 10 CFR 50.65(b)中有一个描述 SSC 的子集，它适用于存储、控制、并且维持乏燃料在安全状态的功能（如：乏燃料水池的结构必须在诸如地震、龙卷风等事件之后仍保持功能）。因此，NRC 没有批准这份文件。NRC 鼓励 NEI 和业界就这一问题拟订一份可接受的指导文件，重点是必须遵守 10 CFR 50.65 的要素，而不是强调那些不需要遵守的方面。到目前为止，NEI 还没有提交更新的修订版白皮书以解决这一问题。

NRC 还于 1998 年 4 月 30 日在 NRC 三区的办公室举办研讨会，发表行业白皮书的修订需求。研讨会上讨论的其他主要议题包括范围界定问题、风险排序实践、SSC 的分类、定期评估、平衡的可靠性和可用性以及与存储、控制和维修相关的所有 SSC 的性能和状况监测级别、还有乏燃料是否处于安全状态。

正如研讨会讨论的那样，工作人员的立场是处于退役状态的核电厂需要重点关注将乏燃料保存在安全状态所必需的设计功能，以便在(a)(1)条款的范围内识别相关的 SSC。工作人员强调，尽管在核电厂退役的情况下 SSCs 的数量将大大低于运行核电厂，但该规则的实施情况将基本保持不变。NRC 的工作人员也给了业界一个 SSC 的概念清单，许可证持有者的维修规则实施大纲中应该考虑处于退役状态的核电厂的 SSC。

正如研讨会讨论的那样，执行进程的有效性将继续由处于退役状态的核电厂的许可证持有者进行评估，评估时间不得超过 24 个月。特别是，从 1996 年 8 月修订该规则开始，对处于退役状态的核电厂的 24 个月评估期就开始了。因此，工作人员预计，处于退役状态的核电厂的许可证持有者将在 1998 年 8 月之前完成其有关(a)(3)条款的定期评估。工作人员还表示，期望许可证持有者平衡拥有定期评估功能的处于退役状态的核电厂在规则范围内的可靠性和可用性。

在研讨会期间，联邦爱迪生公司的代表简要地介绍了有关退役的锡安核电厂的维修规则大纲的制定情况。演讲内容丰富，让研讨会参与者有机会了解联邦爱迪生公司在核电厂退役状态下实施规则的方法。

NRC 主办的关于在核电厂中执行该规则的研讨会在确定执行该规则的各种基于业绩的办法方面是有益的。此外，NRC 完成了三个核电厂在 10 CFR 50.82 退役状态下的基准检查。

10.1 锡安核电厂

在锡安核电厂，NRC 在 1998 年 6 月 15 日至 19 日进行了基准检查。该检查确定了关于许可证持有者的维修规则大纲的以下调查结果，即其是否在 1998 年 5 月进入了核电厂退役状态。

许可证持有者在维修规则范围内识别 SSC 的过程是好的。许可证持有者确定了在维修规则大纲范围内的退役的核电厂的所有 SSC 和其功能。专家组有效地确定了重要的系统功能，确定了可接受的性能指标和目标，根据(a)(1)或(a)(2)条款进行监测或跟踪的功能的失效和适当分类后的 SSC 进行了保守的评估。设计的结构监测方案也是可以接受的；然而，在基准检查时，结构监测基线检查尚未完成。根据(a)(1)条款，许可证持有者对结构的分类是保守和适当的。进行定期评估的指导是好的，但正在被修订时，将以一种新的方法来平衡退役的核电厂的可靠性和可用性。由于设备停役而产生的乏燃料的风险评估过程是可以接受的。负责实施维修规则的系统工程师精通维修规则要求以及行业运行经验要求和实践。系统工程师对他们的系统也有丰富的经验和知识。许可证持有者的自我评估所确定的纠正措施有效地建立了符合维修规则要求的方案。

10.2　大岩点核电厂

NRC 于 1998 年 5 月 4 日至 8 日在大岩点核电厂进行了基准检查。NRC 确认了与许可证持有者在维修规则大纲方面的问题，这一核电厂在 1997 年 8 月 29 日开始处于退役状态。

大岩点核电厂的维修规则大纲的范围包括据规则(a)(1)所要求的安全状态下的对乏燃料的控制、储存和维修与其有关的系统和功能。这些系统和功能涉及电力、乏燃料水池的完整性、乏燃料和负载处理、热排出、水位和水化学。没有识别出被不正确评估的 SSC 或功能，因为它们不在规则范围之内。

然而，检查组确认许可证持有者没有按照第(a)(1)条款的要求充分监测 SSC，也没有充分证明按照(a)(2)条款对跟踪的 SSC 进行有效的预防性维修。查明了两次四级违规行为：

(1) 许可证持有者不能充分证明反应堆冷却剂系统、厂用电源、乏燃料储存架和燃料组件配置系统的性能和状况，以及是否根据 10 CFR 50.65(a)(2)的要求进行适当的预防性维修和对此有效地控制。具体而言，许可证持有者建立了不适当的厂级业绩标准，因而无法有效地证明其预防性维修，而这将确保这些系统是否仍然能够按要求履行其预期的功能；

(2) 许可证持有者不能充分证明除盐水系统、应急电源、燃料处理和辐射监测系统的性能和状况是否根据 10 CFR 50.65(a)(2)中的要求进行了适当的预防性维修。

在这种情况下，在检查中发现的这些系统功能的指标只包括一个不适当的具有可靠性的指标，它允许重复进行 MPFF 的检测，这是一种纠正措施，而不是可靠性。因此，许可证持有者不能证明具有有效的预防性维修来确保这些系统仍然能够执行要求的功能。

专家组在检查期间所做的关于 SSC 职能的风险排名和建立性能标准是适当的。由于该厂没有 PRA 用于退役分析，风险排名的评估是基于核电厂的经验和工程评估，其中包括功能重要性的检查，故障发生的概率和故障的后果。在评价中使用的支持文件是 SL-5203 “锆氧化分析报告”、更新的退役最终危险总结报告和退役计划。鉴于该厂的状况，在维修规则范围内的所有功能都被确定为具有较低的安全等级。NRC 认为这是可以接受的。

据(a)(3)条款进行的定期评估还无法得出结论，因为许可证持有者正在修订其程序，以便更适当地对已退役的核电厂进行定期评估。

由于该核电厂被永久退役，许可证持有者在日常计划中为关键的乏燃料水池的安全功能保留了一项防御策略。四个关键功能是衰变热排出，乏燃料水池补水，交流电源和辐射监测器。前三个功能都有主和备用系统。可以使用已批准的应急计划将系统停役。鉴于乏燃料的状况和防御策略，许可证持有者充分评估了将设备停役维修的风险。停堆风险管理中用于评估设备停役导致的核电厂风险的过程也被确定是足够的。

NRC 审查了柴油消防泵的目标和纠正措施，该水泵属于无燃料核电厂的(a)(1) 范围。由于夹套水加热系统中发生了三次软管的膨胀，将泵置于(a)(1)监测类别中。虽然软管没有失效，也没有发生功能故障，核电厂管理层仍选择把柴油消防泵纳入(a)(1)类关注并采取纠正措施。许可证持有者选择了 1 年达到没有软管膨胀的目标。这被认为是适当的，NRC 认为这种情况的监测目标是可以接受的。

初步结构监测基准检查工作做得很好。例如：专家组纠正了许可证持有者没有定期跟进检查时的弱项。

此外，基准检查组确定 IOE 是适当可用的，并考虑用于制定性能标准、目标和纠正措施以恢复性能。

许可证持有者的自我评估清楚地发现了维修规则实施的问题，产生了一系列主要问题，并为许可证持有者提供了开始积极改进计划的机会。

10.3　拉克罗斯沸水反应堆（BWR）

NRC 于 1998 年 5 月 18 日至 22 日对拉克罗斯沸水反应堆进行了基准检查。在 1987 年 4 月 30 反应堆关闭后，NRC 发现了以下涉及退役状态的问题。

NRC 认为拉克罗斯沸水反应堆没有适当的实施维修规则。虽然 NRC 认为乏燃料被维持在安全状态，但维修规则所要求的要素没有有效地实施到核电厂的现有计划中。两种明显的违规行为被确定了：

（1）许可证持有者没有确定需要根据维修规则监控的 SSC，而现有维修系统的列表不适于维修规则的应用；

（2）对于需要根据维修规则进行监测的 SSC，目标和监测没有得到充分的执行。

许可证持有者的预防性维修大纲和监测计划为某些但不是全部所需系统提供了足够的目标和监测。许可证持有者的纠正措施得到了适当的实施。

许可证持有者的结论是，现有的方案和程序提供了合理的保证，并根据维修规则对 SSC 进行了监测。然而，检查组在检查期间无法证实此结论。

基准检查组确认，许可证持有者没有制定指导办法来执行24个月的定期评估，包括平衡可靠性和不可用度的方法。检查组还得出结论，鉴于乏燃料的状况和工作计划策略，许可证持有者充分评估后可将设备停役维修。

基准检查组还确定，核电厂工作人员了解到，在维持乏燃料处于安全状态所需的系统上正在进行适用的监测试验和预防性维修工作。然而，许可证持有者并没有清楚了解10 CFR 50.65 (a)(1)的监测程序对于处于退役状态的核电厂的应用情况。

基准检查的结果显示，NRC的地区检查员在1999年春季进行了一次后续检查，以评估许可证持有者的纠正措施，将所需的系统纳入10 CFR 50.65(a)(1)范围内的处于退役状态的核电厂所需系统，并为支持在安全状态下储存乏燃料所需的功能系统实施适当的监测方案。检查员证实其采取了纠正措施，将适当的系统纳入范围内，并制定了目标和性能指标以及实施了监测方案。检查员关闭了两个遗留项。

10.4 小结

除了一个核电厂（拉克罗斯沸水反应堆）外，NRC认定，许可证持有者开发了成功对退役状态的核电厂实施维修规则计划的方法。尽管对于退役状态的核电厂来说，在维修规则范围内的SSC的数量要小得多，但是保持用于监测或将乏燃料保持在安全状态所需的SSC的性能和状态的许多方法类似于NUMARC 93-01（如：监测可靠性、可用性或状态）。

NRC应与NEI和行业利益相关者合作，以加强行业指导，制定对处于退役状态下的核电厂实施维修规则的标准方法。

11 基准检查总结

11.1 检查结论

基准检查小组得出结论，10 CFR 50.65 的要求可以通过 RG 1.160 认可的 NUMARC 93-01 来满足；但是，这些文件的一些弱项需要予以注意。在实施基准检查的同时，NRC 修订了 RG 1.160，以解决大多数弱项。为提高 MR 有效性，委员会于 1999 年 6 月 18 日批准了关于 10 CFR 50.65(a)(4) 中规则的制定，以及对 RG 1.160 和 NUMARC 93-01 的修订，使得维修领域的行业绩效持续整体改善。检查程序 62706 被认为足以评估许可证持有者的 MR 项目，但也需要进行修改以反映 10 CFR 的规则制定。

通常，许可证持有者在 MR 的范围内识别 SSCs 时表现良好。平均而言，MBRIs 在每个厂址识别出二至五个应包含在 MR 范围内的额外的 SSCs 或 SSC 功能。

由于维修规则是一项基于性能的法规，许可证持有者需要具有足够的技术基础，以灵活地增加或移除 SSCs。此外，对于非安全相关的 SSC，如果其未在 10 CFR 50.65(b)(2) 所定义的规则范围内，则许可证持有者可对其予以移除。

许可证持有者用于确定风险重要性的方法与 NUMARC 93-01 中的指导一致。使用专家组审查流程，将确定论分析与 PRA 或 IPE 风险见解相结合，是适合和实用的确定 SSC 风险重要性的方法。对于大多数厂址，专家组成员了解 MR，并具有丰富的行业经验，以支持判定安全（风险）重要 SSCs 的决策过程。专家组的组成应符合 NUMARC 93-01 中提出的指导意见。

在某些情况下，许可证持有者没有：

(1) 建立与安全相称的适当目标；

(2) 为证明有效的预防性维修的性能指标（措施）提供充分的技术基础；

(3) 在统计上将目标或性能指标与 PRA 中的假设联系起来。

许可证持有者也没有充分监测或跟踪 FFs、MPFFs、多重 MPFFs，以及/或一些 HSS 和 LSS 备用 SSCs 的不可用性。一些许可证持有者的根本原因或原因分析、纠正措施是不充分的。NRC 得出的结论是，许可证持有者监测不足的部分原因是不愿意将 SSCs 纳入(a)(1)监测类别，或者是缺乏对目标或性能指标的认识。

在 1997 年 3 月的 RG 1.160 第 2 版和 1997 年 4 月 14 日的信息通告（IN）97-18“维修规则基准检查中发现的问题”中，许可证持有者不愿将 SSCs 纳入(a)(1)监测大纲的问题得到了有效解决。

NRC 发现，在为根据(a)(1)和(a)(2)监测的 SSCs 制定适当的监测和跟踪大纲方面，业界通常做了充分的工作。大多数许可证持有者通过确定风险以及评估目标或性能表现是否在适当的系统、列或组件级别来考虑安全性。然而，一些许可证持有者没有在其PRAs中充分地考虑假设的可靠性和可用性。NRC还发现，一些许可证持有者在列或通道级别（如：RPS、ESFAS）监测HSS仪控系统。在最初的基准检查期间，一些许可证持有者没有为构筑物建立适当的MR监测大纲。然而，当NRC发布RG 1.160第2版时，这一问题得到了有效解决。虽然MR并未规定，但我们鼓励许可证持有者监测和跟踪FFs以及MPFFs。

检查组发现，大多数许可证持有者建立了适当的方法来平衡可靠性和可用性。一些许可证持有者使用条件概率作为PRA方法来建立可靠性和可用性之间的边界限制。这些许可证持有者对HSS SSC的可靠性和可用性数据进行分别监测和/或跟踪，并使用条件概率值来统计确定可靠性和可用性之间是否达到了平衡。NRC认为这是可以接受的；然而许可证持有者不应使用条件概率来掩饰HSS SSCs的可靠性和可用性。此外，一些许可证持有者没有按时完成他们的定期评估。许多许可证持有者还使用了10 CFR50.65(a)(3)所要求的定期评估，以确定其MR实施大纲的总体有效性，并在必要时做出调整，以提高核电厂业绩。

NRC工作人员得出的结论是，10 CFR 50.65应该进行修订，以要求许可证持有者在将设备停运进行维护之前进行安全评价。NRC工作人员建议参考与SRM的SECY 97-173（NRC，1997b）制定新的10 CFR 50.65(a)(4)节。具体来说，NRC工作人员建议对SRM语句进行轻微修订，其中10 CFR 50.65(a)(4)中的最后一句话将被修改为："本次评价的结果应该用于确保核电厂不会处于具有显著风险的配置，或将安全功能的性能降低到不可接受水平的配置。"业内人士评论说，考虑到目前的技术水平和在PRAs上的差异，很难定义新的术语（即风险重要配置）。NRC工作人员提出对 10 CFR 50.65(a)(4)进行新的修订来解决这个问题。本文第 2.7.2 和 2.11.1 节引用了 10 CFR 50.65(a)(4)新的修订。委员会于 1999 年 6 月 18 日批准了最终规则，新增了(a)(4)条款(NRC，1999c)。因此，NRC 和业界将修订指导文件，NRC 也将修订检查程序。

总的来说，许可证持有者的自我评估对于识别 MR 大纲的弱项和改进项是有效的。基准检查检查结果特别地将自我评估描述为 MR 大纲实施中的一个优势。

NRC 只完成了三个处于退役状态的核电厂的基准检查：锡安、大岩点核电厂和拉克罗斯沸水反应堆。除了一个核电厂(拉克罗斯沸水反应堆)，NRC 得出的结论是，许可证持有者对于退役状态下的核电厂实施 MR 开发了成功的方法。对于退役状态下的核电厂，虽然 MR 范围内的 SSCs 的数量更少，但对于退役核电厂用于监测维持乏燃料所需 SSCs 性能或状态的许多方法类似于 NUMARC 93-01 中描述的方法（例如，监测可靠性、可用性或状态)。

NRC 在进行基准检查时使用 MR 专家组提供一致性检查和实施规则。专家组由一名区域分支负责人、HQMB 分支负责人、MR 监督负责部门负责人、MRBI 团队领导以及一名来自执法办公室（OE）的执法专家组成。NRC 的结论是，使用专家组是保持所有基准检查检查和实施一致性的有效方法。此外，NRR 工作人员为参与全部基准检查的成员提供支持，帮助检查组保持检查和实施的一致性。

NRC 工作人员得出结论，与行业利益相关者举行的公开会议提供了有效的方法，就正确实施该规则相关的技术问题达成共识。此外，互联网上的 MR 主页被认为是一种有效的方法，可以

就业界提交的 MR 实施问题与员工沟通。

基准检查团队得出结论，这种风险指引的、基于性能的实施规则的方法是实用的，但需要 NRC 和业界集中资源。从这一方法中吸取的经验可应用于所有其他风险指引的、基于性能的方法，以减少其他领域的监管压力。

11.2 提出的建议

由于维修规则是一项风险指引的、基于性能的法规，如有足够的技术基础，许可证持有者可灵活地在规则范围内增加或移除 SSCs。对于非安全相关的 SSC，如果其未在 10 CFR 50.65(b)(2) 定义的规则范围内，许可证持有者可将其移除。利用规则实施指南的灵活性，许可证持有者可以在 10 CFR 50.65(b) 范围内确定充分的技术基础，以便就 SSCs 的范围做出基于性能的决定。

作为基准检查的结果，NRC 工作人员确认了以下关于风险重要度确定过程的问题和建议。在阐明 NUMARC 93-01 的相关指南时，应考虑以下建议：

(1) NUMARC 93-01 第 9.3.1.1 和 9.3.1.2 节，建议许可证持有者通过风险确定过程消除与维修（如操纵员失误、外部和始发事件）无关的 RRW 措施和割集。提供该指导是为了避免由于操纵员失误、外部和内部事件使用的 PRA 建模假设（例如：较高的概率估计）而可能掩盖某些 SSCs 的重要性。少数情况下，该指南导致许可证持有者将一些 SSCs 识别为 LSS 而不是 HSS。应谨慎地移除 RRW 措施和割集，以确保移除的割集不会隐含地说明与某些具有高度重要性排名的 SSCs 相关的维修活动。

(2) 用于风险重要性分析的特定核电厂 PRA 模型应具有足

够的质量，以确保 SSC 安全重要性分类具有一致的结果。在确定 SSCs 的安全重要性时，所有许可证持有者使用为 IPE 和/或 IPEEE 文档开发的 PRA 模型进行重要性分析。大多数许可证持有者使用的 PRAs 的质量没有经过同行评估或行业评审。对于基准检查的目的，假设 PRA 有足够的质量来支持风险分类过程，并有一个适当的专家组审核以弥补 PRA 的局限性。这个关于 PRA 质量的问题在持续进行的 NRC 和行业倡议中得到了解决，以确定 PRA 认证过程中对 PRA 标准的要求。

对于未来风险指引基于性能的检查举措，许可证持有者在其他监管应用范围内为 HSS 和 LSS SSCs 建立的风险确定方法，同样应考虑特定核电厂的基准风险水平。这可能导致对正在审查的特定核电厂和监管应用使用更合适的重要度判定阈值。

(3) NRC 和许可证持有者对于风险指引的、基于性能的监管活动的资源承诺最初是很高的，应事先对其进行认可和承诺。风险指引的、基于性能的监管活动需要协调业界并制定明确的实施指南。

(4) 对于一些厂址，PRA 建模假设和数据没有更新以反映“基于运行”的核电厂配置和运行经验。基于 PRA 模型的重要度判定计算将产生前后矛盾的风险排序结果。因此，当实施重大电厂设计变更、PRA 模型更新、有新的可靠性和可用性数据可用时，应重新评估风险排序结果。

(5) 目前，NUMARC 93-01 第 9.3.1 节仅提供了使用专家组程序的指南，该指南通过结合设计和运行经验考虑来评估 PRA 风险排序结果的方法确定 SSCs 的安全重要性。业界也可以考虑使用专家组来支持决策制定活动以及规则的其他部分，如 MR 的范围、目标的建立、性能指标、SSCs 应何时从(a)(2)移

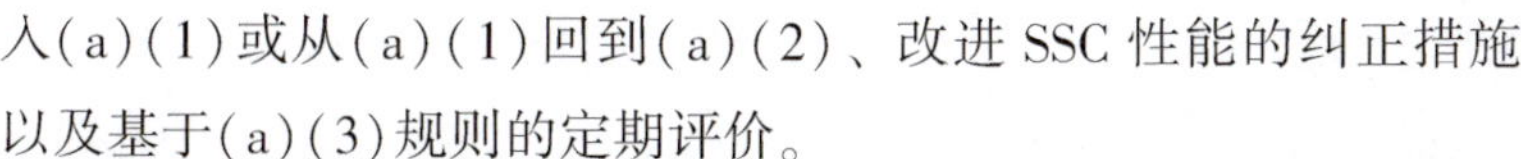

入(a)(1)或从(a)(1)回到(a)(2)、改进 SSC 性能的纠正措施以及基于(a)(3)规则的定期评价。

即使单个系统或列的性能水平是可以接受的，当共模多重 MPFFs 发生时，许可证持有者应根据(a)(1)跨系统或列监测类似部件（如：断路器、电动阀、电磁阀、限位开关、继电器等)。

业界可能希望考虑其他方法（如 MPRFFs）来监测冗余设备(如仪表和维修空气压缩机、维修水泵等）的维修有效性。这样就不需要监测列上是否有长时间停用的设备。所有许可证持有者都应该制定性能指标，在列或通道层面监控 HSS 仪表和/或控制系统。除了引起自动紧急停堆的 SSC MPFFs 外，业界还应该计算引起手动紧急停堆的 SSC MPFFs。许可证持有者被鼓励同时监控 FFs 和 MPFFs，但这并不是规则的要求。

只要分别建立可靠性和可用性的性能指标，许可证持有者可以使用条件概率方法来确定可靠性和可用性的适当边界范围。如果使用得当，该方法可以验证是否在可靠性和可用性之间达到平衡，以满足 10 CFR 50.65(a)(3)的要求。许可证持有者可以继续使用该段落的定期评价，以确定 MR 实施大纲的整体效果，并在必要时进行调整，以提高核电厂性能。

许可证持有者应定期进行自我评估，以验证 MR 大纲不会失效，并仍是证明维修活动在提高工厂整体性能方面的有效性的实用大纲。

许可证持有者应继续进行自我评估及第(a)(3)的定期评估，以审查 SSCs 的性能，确保维持适当的目标设定、监测、维持预防性维修，并监测 MR 大纲的整体效能。许可证持有者可选择第(a)(1)监测范畴的 SSCs 的数量，作为其核电厂 MR 效力的内部指标；然而，NRC 并不认为(a)(1)监测范畴中 SSCs 的数量是无效维修的指标。NRC 可将重复恢复到(a)(1)监测范畴的 SSCs 数量作为 MR 有效性的另一指标。

NRC 应该与行业利益相关者合作，完成行业指南，为处于退役状态的核电厂实施规则提供标准方法。指南应满足 RG 1.160 的要求。

NRC 应该继续使用 MR 专家组来维持地区监督员所发现的所有 MR 问题的实施一致性。NRC 工作人员还应修订关于 MR 实施的 EGM，以吸收基准检查的经验总结。

NRC 工作人员应继续与行业利益相关者举行公开会议和研讨会，以修订 MR 相关文件，提出一致的 MR 实施指南。这包括修订 RG 1.160、IP 62706 和 62707，以解决 10 CFR 50.65(a)(4)和其他与适当实施该规则相关的技术问题。NRC 工作人员还应更新检查程序，以反映规则的变化。

12　NRC 维修规则活动以及评价维修有效性检查程序的发展

IQMB 正在开发风险指引的、基于性能的评价方法，以评价许可证持有者的维修有效性，同时观察核电厂实施维修规则（MR）的监测要求的维修情况。本检查程序将指导驻厂监督员在规则范围内对核电厂 SSCs 的性能问题进行纵向分层审查。这样的审查将确保许可证持有者维持可用的 MR 监测大纲，这将实现 NRC 为改善核电厂整体性能而开发维修规则的目的。

该程序将在维修观察的例行检查程序中纳入风险指引的、基于性能的方法，在此期间，驻厂监督员将重点关注 HSS 和一些 LSS 的 SSCs 遇到的性能问题（例如，重要 SSC 由于维修、多重 MPFFs 而不可用）。首先要关注发生性能问题的 SSCs 的安全重要度。

IQMB 正在修订关于维修有效性的检查程序（IPs），目标如下：

（1）核实 MR 范围内的 SSCs（包括某些非安全相关 SSCs）的维修活动是否以足够的方式进行，以确保核电厂及其设备安全、可靠的运行，并符合 MR 要求和其他监管要求。

（2）通过使用核电厂或 SSCs 的性能数据（例如：监测设备的可靠性、不可用性和紧急维修），采用风险指引的、基于性能的方法对维修活动进行检查，以确定检查活动的优先级。

（3）确保与维修相关的核电厂事件、紧急停堆和安全系统动作已被识别，根本原因或原因分析已完成，并采取纠正措施以防止因维修相关问题导致的故障再次发生。

风险指引的、基于性能的检查方法的结果可能会发现维修大纲的实施问题，如果针对该类问题的追加检查获得批准，检查人员可以使用区域自主检查程序进一步调查性能问题的产生原因。

13 我国维修规则发展现状与展望

随着我国核电厂投运机组的不断增加，维修活动的有效性、维修活动的风险评价和管理引起了国家核安全监管部门及核电营运单位的广泛关注。基于此，在广泛吸取国际最新研究成果和良好实践的基础上，国家核安全局于 2017 年 8 月发布《改进核电厂维修有效性的技术政策（试行）》，以鼓励核电厂逐步开展维修相关的优化活动，以改进构筑物、系统和设备可靠性并加强维修活动的风险评价及管理。技术政策发布以来，多个试点核电厂积极开展维修规则的研究和应用工作。

但是，维修规则是一套非常复杂的系统性工程。美国 NRC 于 1991 年发布 10 CFR 50.65，而其正式生效日期是 6 年之后。其间发布了相应的技术指导文件，并通过 9 个试点核电厂实施维修规则来确定指导文件的合理性。因此，即使是有着众多成熟的国际同行所使用的研究和实践经验，对国内的试点核电厂而言，要全面实施维修规则，也需要一段较长的时间去研究并开发适用于自身的维修规则技术文件和管理体系。

附录 A　美国维修规则基准检查的背景

A.1　目的

本附录总结了美国核管理委员会 1994 年 9 月至 1995 年 3 月期间在试点核电厂开展维修规则所吸取的经验总结。这些 MR 试点的目的是审查许可证持有者实施要求以遵守规则的适当性，并讨论由 RG 1.160“核电厂维修有效性监测”和检查程序 62706“维修规则”认可的 NUMARC 93-01“监测核电厂维修有效性的行业指南”的发展。该规则于 1991 年 7 月 10 日发布，编号为 10 CFR 50.65，“核电厂维修有效性的监测要求”，并于 1996 年 7 月 10 日生效。正如在这些试点核电厂中所揭示的，所有许可证持有者都使用了 NUMARC 93-01 中的指南来开发和完成令人满意的大纲，但也有一些例外情况，在大多数情况下这是可以接受的。这些审查的结果记录在 NUREG-1526“9 个核电厂早期实施维修规则的经验总结”中。因此，许可证持有者在更改 MR 大纲时应考虑 NUREG-1526 中的信息。

A.2　维修规则的需求

委员会在审议该规则的声明中说，需要这样一项规则，因为有效的维修显然与安全有关。通过确保安全设备的可靠性和可用性，良好的维修有助于限制瞬态的数量和对安全系统的挑战。良好的维修对于最大限度地减少非安全相关的 SSCs 的故障也很重要，这些故障可能引发或对瞬态或事故产生不利影响。最大限度地减少对安全系统的挑战与委员会的纵深防御原则是一致的。此外，维修对于维持原始设计基准中的设计假设和边际、或至少不发生不可接受的降级是很重要的。因此，委员会得出结论，核电厂的维修对于保护公众健康和安全显然是重要的。

委员会在 1988 年至 1990 年期间进行的基准检查的结果表明，许可证持有者一般都有适当的维修大纲，并且持续改进其大纲的实施。然而，检查发现了一些常见的维修相关的弱项，如根本原因分析不足，导致重复故障；缺乏设备性能趋势；在维修的优先次序、计划和日程安排中缺乏对核电厂风险的考虑。委员会认为，必须不断评估维修有效性，以确保关键 SSCs 能够执行其预期功能。此外，如果评估结果不佳，表明维修工作无效，许可证持有者需要考虑修订计划要求。

尽管在维修大纲的内容和实施方面取得了重大的行业成就，但由于维修不力，由设备降级或故障引起的核电厂事件仍在持续发生。此外，核电厂设备由于维修活动而无法使用，将导致或恶化运行事件。大多数现有的要求和行业维修措施并没有要求许可证持有者定期评估安全重要 SSCs 的可用性。这些事件和情况证明，需要通过收集设备可靠性和可用性数据，不断评估维修有效性的结果。

委员会还认为，在维修活动未能合理保证安全重要 SSCs 有能力履行其预期功能的情况下，有必要扩大其及时采取强制措施的能力。委员会的结论是，有必要采取包括纠正措施的要求，以解决无效维修的情况，并让许可证持有者利用监测和评估的结果来改进他们的维修大纲。

除上述考虑外，委员会的结论是，要求监督维修有效性的法规是基于委员会目前的条例、管理导则的现状，许可实践并没有明确界定委员会对确保核电厂维修大纲持续有效的期望。没有关于监督维修有效性的指南。

因此，监督维修有效性并在维修无效时采取纠正措施的要求和指南旨在加强委员会对维修不恰当或不充分的许可证持有者采取及时有效行动的能力，以确保迅速恢复有效维修活动。

1991 年 7 月 10 日，委员会在《联邦公报》上刊发了最终法规 10 CFR 50. 65。该规则于 1996 年 7 月 10 日生效，它要求所有核电厂许可证持有者监督其维修活动的有效性。该法规继续强调纵深防御原则，包括选定非安全相关 SSCs、将风险考虑纳入维修过程，为检查和实施某些非安全相关 SSCs 的维修相关问题建立加强的监管基准，并为未来的持续改进提供强有力的监管基础。

A. 3 过程导向与风险指引、结果导向法规的比较

尽管没有严格定义，术语“过程导向”（或程序化的、指令性的）和“结果导向”（或基于结果的、基于性能的）通常被用来描述各种法规制定活动。用于实施 MR 的过程确定为结果导向的（即基于结果或基于性能），这表明结果导向的方法正越来越

多地被 NRC 用于描述各种法规制定活动。

过程导向的法规是大多数法规制定的传统方法，它包括详细的需求或指令。这种法规的优点是容易执行，因为执行法规的要求比结果导向的法规描述更详细。使用过程导向的法规，许可证持有者通常会更清楚地知道他们需要做什么以满足法规的要求，NRC 检查员也会更清楚地知道要检查什么。这种法规的缺点是往往有些不够灵活，妨碍了许可证持有者使用最有力和最有效的手段来实施法规。过程导向的法规的两个例子是 10 CFR 50 的附录 JP“安全壳泄漏试验”和附录 R“核电厂防火大纲”。这些法规包括试验周期、试验压力、培训和记录保存的详细要求。

结果导向（即基于结果或基于性能）的法规通常描述预期结果，而将取得这些结果的细节留给许可证持有者。这种规则的优点是允许许可证持有者设计出最有力和最有效的方法来取得法规中描述的结果。也允许许可证持有者在开发他们的大纲时考虑安全（风险）的重要度。结果导向法规的缺点是它可能难以执行，因为遵守法规的需求没有过程导向法规那么明确。维修法规（10 CFR 50.65）是一项风险指引、结果导向的法规。

尽管许可证持有者显然更喜欢结果导向的法规，而不是过程导向的法规，但在为维修规则制定监管导则期间，此类法规中缺乏细节的情况变得很明显。代表该行业的核管理和资源理事会（NUMARC），即现在的核能研究院（NEI），要求尽早准备检查程序（通常在监管导则发布后制定），并在准备行业指南文件时交给业界使用。特别是业界希望利用检查程序来解决法规本身没有涉及的细节。

为了制定实施指南，NRC 和 NUMARC 成立了平行的指导和工作组。1993 年 6 月，NRC 发布了 RG 1.160“核电厂维修有效性监测”，其中认可了 NUMARC 93-01 “监测核电厂维修有效性的行业指南”。工作人员还拟订了检查程序草案，并在 1994 年 9 月至 1995 年 3 月间的 9 次试点核电厂检查中验证了其适用性。尽管没有特别要求，NUMARC 93-01 指南使用了 PRA 重要度指标来识别维修规则范围内的安全（风险）重要 SSCs。该指南规定，许可证持有者须在法规范围内监测所有安全（风险）重要 SSCs 的可靠性、可用性和/或状态。本指南规定了风险指引的以及基于性能的要素作为实施 MR 的可接受的方法。

A.4 对维修法规的描述

法规第(a)段包含大部分详细的技术要求；第(b)段在法规范围内界定 SSCs 的范围；第(c)段规定许可证持有者应在 1996 年 7 月 10 日前实施该法规。第(a)段由第(1)~(3)节组成。

A.4.1 目标和监测

法规第(a)(1)段规定，每一反应堆的许可证持有者须设定目标，并以足以合理保证 SSCs 有能力履行其预期功能的方式监测 SSCs 的性能或状态。该法规规定，目标必须与安全性相称，在实际情况下，应考虑全行业的运行经验。该法规还要求许可证持有者在 SSC 的性能或状态未达到既定目标时采取适当的纠正措施。为了与法规的非规定性意图保持一致，应由许可证持有者而非 NRC 建立目标。

A.4.2 有效的预防性维修

法规第(a)(2)段规定了法规第(a)(1)段所要求的监测制度

的变换办法。在这种方法中，NRC 认识到，在某些情况下 SSCs 的性能或状态可以通过进行充分的预防性维修而不是根据目标进行监测而得到有效控制。

A. 4. 3　定期评价

法规第(a)(3)段要求许可证持有者至少在每个换料周期内评价性能和状态监测活动以及相关目标和预防性维修活动，评价间隔不得超过 24 个月。本段要求许可证持有者系统地审查法规第(a)(1)和(a)(2)段的活动，并在需要时调整这些活动。法规要求这些评价将 IOE 考虑在内。

法规第(a)(3)段亦要求许可证持有者在有需要时做出调整，以确保通过维修防止 SSCs 故障的目标与尽量减少因监测或预防性维修而导致 SSCs 无法使用时间的目标取得适当的平衡。这一要求认为，进行监测或预防性维修通常需要将 SSCs 停役，使其无法运行。增加监测或预防性维修所获得的更高可靠性可能会降低可用性，并可能损害安全。

A. 4. 4　进行维修前的安全评估

在考察试点核电厂时，法规第(a)(3)段规定，许可证持有者在进行监测和预防性维修活动时应考虑评估已停役的全部设备，以确定对安全功能的整体影响。为了满足法规的这一要求，许可证持有者应不断评估主动将设备停役以执行监测和预防性维修活动是否会使核电厂处于不安全的状态，特别是在其他支持设备停役的情况下。这类情况的一个例子是，当一个安全系统的一列停止运行时，冗余列的备用电源之一也停止运行。尽管技术规格书的要求部分地解决了这个问题，但 NRC 工作人员识别出了技术规格书存在没有解决的缺陷。安全评估应该排除在高安全（风险）重要配置下安排维修的计划，即多个设备同时停用，即使目前被技术规格书所允许。

A.4.5 范围

该法规第(b)段定义了必须纳入该法规范围的 SSCs。它们包括所有与安全相关的 SSCs，以及用于缓解事故或瞬态或用于 EOP 的非安全相关 SSCs；以及失效可能会妨碍安全相关 SSCs 履行其预期功能的 SSCs；或者可能导致紧急停堆或安全系统动作的 SSCs。

A.5 实施指南的发展

为了制定实施指南，NRC 和 NUMARC 成立了平行的指导和工作组。1993 年 6 月，NRC 发布了 RG 1.160 “核电厂维修有效性监测”，其中认可了 1993 年 5 月的 NUMARC 93-01 “监测核电厂维修有效性的行业指南”。1993 年 8 月，NUMARC 主办了两个行业研讨会，对行业使用 NUMARC 93-01 中所述的实施规则的方法进行培训。NRC 工作人员参加了这些研讨会。

NRC 工作人员制定了一份检查程序草案，以验证该规则的实施。1994 年 3 月 31 日，NRC 在马里兰州的罗克维尔举办了一个公共研讨会，公众和业界人员可以在会上询问有关检查程序的问题。在研讨会上，NRC 解释了它对规则实施的期望。

从 1994 年 9 月至 1995 年 3 月，NRC 工作人员检查了 9 个试点核电厂，以验证检查程序草案。NRC 与 NEI 协调选择了以下核电站：大海湾（Grand Gulf）核电站、缅扬基（Maine Yankee）

核电站、希伦哈里斯（Shearon Harris）核电站，朝圣者（Pilgrim）核电站，拜伦（Byron）核电站，哈奇（Hatch）核电站，沃格特勒（Vogtle）核电站，南德克萨斯（South Texas）核电站，克里斯特尔里弗（Crystal River）核电站。这些核电厂的许可证持有者自愿实施了该规则的大部分要求，该规则直到 1996 年 7 月 10 日才生效。NRC 检查小组包括来自 HQMB 和核反应堆监管办公室（NRR）的概率安全评价处、前运营数据分析和评估办公室（AEOD）的趋势和模型分析处以及地区监督员的代表。

A.6　考察试点核电厂的经验总结

正如 NUREG－1526 所记载的，许可证持有者在确定哪些 SSCs 在规则范围内时通常是缜密的。考察结果表明，使用专家组是确定风险重要 SSCs 的适当和实用的方法。在设定目标时，所有许可证持有者都考虑了安全问题，但许多许可证持有者没有考虑整个行业的运行经验。与规则的要求相反，在系统或列的层面，许可证持有者没有有效地监测某些低安全（风险）重要备用系统的性能或状态。此外，大多数许可证持有者并没有根据该规则对构筑物进行充分的监测。许可证持有者制定了合理的计划进行定期评价，以平衡不可用性和可靠性，并评估设备停运的影响。但是，这些计划没有得到评价，因为在实地考察时，这些计划没有得到充分执行。

许可证持有者及监督员可参考 NUREG－1526 以获取更多有关试点核电厂实地考察经验总结的历史资料。工作人员利用这些经验总结来记录 RG 1.160 认可的 NUMARC 93-01 的适当性，并起草了维修规则检查程序。工作人员还在 1995 年 6 月与业界举行了一次公开研讨会，讨论从试点核电厂中吸取的经验总结，并使业界有机会对检查程序草案提出意见。NRC 还讨论了完成可接受的 MR 大纲和程序所需的额外的行业工作。通过考察试点核电厂，NRC 确定 NUMARC 93-01 指南提出了一种可接受的方法来实施维修规则。此外，NRC 还发现了其他可接受的实施规则的方法。研讨会结束后，NRC 于 1995 年 8 月 31 日发布了 IP 62706 “维修规则”，并开始培训计划参与基准检查的地区监督员。

附录 B　美国维修规则基准检查过程

B.1　目的

基准检查在 1996 年 7 月 15 日至 1998 年 7 月 10 日期间完成。基准检查的目的是根据由 RG 1.160 认可的 NUMARC 93-01 "监测核电厂维修有效性的行业指南" 验证许可证持有者实施 MR 要求的成果。基准检查的目的是验证许可证持有者遵守检查程序 IP 62706 "维修规则" 的要求建立了有效的维修规则大纲。由于 MR 是 NRC 第一个风险指引、基于性能的规则，监督员被指示对许可证持有者实施规则的充分性进行基于程序的检查，而不是基于性能或结果导向的检查。这是有必要的，因为 NRC 和业界需要在风险指引、基于性能的监管方面获得经验。因此，NRC 根据规则中规定的基于性能、风险指引的要素评估 MR 大纲、程序、实施细则的适当性。监督员使用 IP 62706 提供的检查指南验证 MR 大纲、程序和实施细则的适当性。

B.2 MR 基准检查的需要

NRC 管理层设想需要在每个厂址完成基准检查，因为这是第一个风险指引的、基于性能的规则。在其他监管领域（例如：在役试验、在役检查、防火和质保分级）也正在制定风险指引、结果导向的规则。因此，NRC 高级管理人员决定基准检查应该在所有核电厂实施，以便于 NRC 和业界将通过实施这种类型的监管获得经验。之后，所吸取的经验总结将适用于上文所述的其他风险指引、基于性能的法规条例。在工作人员建立信任、认为许可证持有者开发了符合规则并能准确监测维修性能的大纲之前，NRC 不能仅仅依靠基于性能的检查。此外，当性能表明需要更改时，许可证持有者需要调整其维修活动和大纲。

B.2.1 基准确定之前的过程

委员会、NRC 高级管理人员和业界一直担心维修规则需要在所有四个地区以一致的方式进行检查和实施。委员会在 1996 年 6 月 25 日关于反应堆运行状况的简报上表达了这一关切。

工作人员采取行动确保 MR 检查和实施的一致性。对适当的监督员和技术人员进行了广泛的培训（特别是那些参加基准检查计划的监督员和工作人员），使他们对 MR 要求、工作人员的监管定位、检查程序的使用和检查计划有统一的理解。保持一致性的另一个要素是 HQMB 的工作人员参与每一次基准检查。HQMB 负责维持 NRC 工作人员监督规则实施的大纲。

工作人员还成立了一个专家组，在检查报告发布之前对 MR 相关的调查结果和可能的违规通知进行审查。该小组的成员来自核反应堆监管办公室、执行办公室和各地区。在 1996 年 7 月 3 日的 EGM 96-001 中，执法办公室主任詹姆斯·利伯曼向区域行政官员描述了该专家组。

1996 年 7 月 5 日，NRR 负责人发出了一份备忘录，提醒区域行政人员对该区域进行 MR 持续检查和执法的重要性，以及继续与 HQMB 协调的必要性。备忘录要求区域行政人员确定负责该区域 MR 活动的高级行政事务处（SES）经理。在这种情况下，SES 经理定期参加他们所在地区的最初几次基准检查出口会议和其他此类会议，以确保：

（1）所有监督员在进行基准检查之前完成了所需的培训；

（2）执法专家组审查与 MR 相关的违规通知；

（3）所有根据该规则第(a)(1)段向许可证持有者发出的关于被监测的 SSCs 数目的沟通均不会被不适当地解释为维修性能指标。

B. 2. 2 基准检查表

第一次基准检查于 1996 年 7 月 15 日至 19 日在帕洛弗德核电厂进行。该检查组由一名来自 HQMB 的组长、四名高级监督员（每个区域各一名）负责对 MR 要求进行横向和纵向的分层审查，几名 HQMB 成员担任了支持成员（SSM）的角色，以保持检查组检查和实施的一致性。这次检查为所有检查组成员积累了经验。本次检查之后，检查组每月在每个地区进行两次检查，为期 3 个月。该专家组还包括其他具有 PRA 专业知识的专业检查人员和两至三名来自 HQMB 的 SSMs。到 1996 年 12 月之前，NRC 各地区监督站每月完成四次检查。基准检查核心工作人员进行了关于基准检查的全面培训，并定期完成这些检查。HQMB

为每一次检查提供一名 SSM，并一直持续到 1998 年 7 月 10 日所有基准检查完成为止。

B.2.3 维修大纲审查

为了完成 MR 大纲审查，工作人员决定对许可证持有者的 MR 程序和实施细则进行纵向和横向的分层大纲审查，以确保检查员进行充分的审查。

横向分层大纲审查的定义本质上意味着检查人员验证许可证持有者在规则范围内对所有 SSCs 完成了特定的 MR 需求。例如，根据规则第(a)(1)段，许可证持有者必须建立目标，根据既定目标监测 SSC 的性能或状态，在建立目标时考虑业界运行经验，并对未达到既定目标的 SSCs 采取纠正措施。为了确认许可证持有者实施了该审查，检查人员应核实许可证持有者在第(a)(1)段要求监测的 MR 范围内完成所有 SSCs 的相关活动。

通过以下横向分层大纲区域评价许可证持有者的实施过程：规则内的 SSCs 范围、建立性能指标和目标、使用 PRA 确定高、低安全（风险）重要 SSCs 以及使用运行经验反馈。此外，还需评估许可证持有者识别 FFs、MPFFs 和多重 MPFFs 的程度。最后，检查人员确认，在将设备停运进行维修前，许可证持有者进行了定期评价以平衡可靠性和可用性，并进行了安全评估。

检查人员在规则范围内对 SSCs 进行横向分层大纲审查和纵向分层抽样审查。横向分层大纲审查的定义本质上意味着检查人员验证许可证持有者在规则范围内对所有 SSCs 完成了特定的 MR 需求。在规则范围内对 SSCs 进行纵向分层抽样审查的定义本质上意味着检查人员验证了许可证持有者在规则范围内对一个 SSCs 样本完成了所有 MR 要求。

许可证持有者必须完成所有的 MR 要求，而检查组应在规则范围内完成 IP 62706 所列的所有 SSCs 的检查要求。许可证持有者须在规则范围内对每个 SSC 完成所有的 MR 要求。检查人员使用 IP 62706 中的大纲实施指南来验证每个 MR 要求都得到了满足。检查人员按照该指南核实了规则范围内每个 SSC 的所有 MR 要求的完成情况。

B. 3 基准检查的总体结果

工作人员在所有厂址使用检查程序 IP 62706 指导基准检查。基准检查主要由地区监督站开展，每个检查组都配有 HQMB 的 SSM。在 NRC 高级管理人员的指导下，NRC 员工在指定的 2 年时间内完成了所有基准检查。总的来说，NRC 发现许可证持有者在实施 MR 方面做得很好。然而，与其他规范性或过程导向的法规相比，许可证持有者实施 MR 与 NRC 检查的努力是资源密集型的，需要更多的工作时间来实施和检查。NRC 的结论是，在适用的情况下，应将风险指引的、基于性能的法规所吸取的经验总结和结果纳入其他风险指引的、基于性能的法规。NRC 还决定，一旦基准检查完成，未来的 MR 检查应该根据新的 NRC 检查和监督大纲专注于规则中风险指引的、基于性能的要素。